“广东省森林资源与生态状况综合监测技术”丛书

基于平板电脑的森林资源清查数据采集与管理系统

Continuous Forest Inventory Data Collection System Based on the Tablet Computer

魏安世 ▣ 主 编
肖智慧 李 伟 李大锋 ▣ 副主编

中国林业出版社

图书在版编目（CIP）数据

基于平板电脑的森林资源清查数据采集与管理系统 /魏安世 主编.
—北京 ：中国林业出版社，2012.12
（广东省森林资源与生态状况综合监测技术丛书）
ISBN 978-7-5038-6855-9

Ⅰ. ①基… Ⅱ. ①魏… Ⅲ. ①森林资源调查－数据管理系统－研究
Ⅳ. ①S757.2-39

中国版本图书馆CIP数据核字(2012)第289800号

责任编辑：于界芬
电话：010-83229512

出　版：中国林业出版社（100009　北京西城区德内大街刘海胡同7号）
网　址：http://lycb.forestry.gov.cn　电　话：（010）83224477
发　行：新华书店北京发行所
印　刷：北京卡乐富印刷厂
版　次：2013年1月第1版
印　次：2013年1月第1次印刷
开　本：1/16
印　张：10.5
字　数：270千字
定　价：58.00元

《基于平板电脑的森林资源清查数据采集与管理系统》

编委会

前言

森林资源清查是调查森林资源的重要方法之一。随着科学技术的日益发展，高新技术（如遥感技术、地理信息系统、全球定位系统、计算机应用技术等）在森林资源清查工作中不断得到应用，也使森林资源清查技术水平不断提高。

移动计算是随着移动通信、互联网、数据库、分布式计算等技术的发展而兴起的新技术，是当前计算技术研究中的热点领域，并被认为是对未来具有深远影响的技术方向之一。目前，越来越多的移动终端面市，这些移动终端具备了随时、随地通信和更强的计算能力，为人们提供通信、搜索、导航、购物等便捷服务，现代人的生活方式和工作方式正随着“移动计算”而发生改变。

《基于平板电脑的森林资源清查数据采集与管理系统》是全国林业系统第一本介绍基于平板电脑的林业调查数据采集系统设计方法的图书。本书详细介绍了系统的需求分析、详细设计、数据库设计、系统实现及功能简介，以iOS为平台，设计并开发了全国第一个基于iPad平板电脑的森林资源清查数据采集与管理系统，建立了广东省常见植物图库，首次实现了森林资源清查树种辅助识别系统。

本研究紧密结合森林资源清查工作，开发了基于平板电脑的森林资源清查数据采集与管理系统，该系统集数据录入、地图浏览、定位导航、航迹采集、样地图形编辑、样木位置图绘制、照像录像、树种辅助识别、数据逻辑检查、无线传输、打印输出于一体，实现了调查数据采集的全程无纸化作业，显著提高了数据采集效率。系统已在2012年广东省森林资源清查第七次复查工作中全面使用，效果良好。

项目研究阶段分工如下：

研究方案制定：魏安世、肖智慧、李伟、李大锋

系统设计：魏安世、暴军、李伟、华宇

数据库设计：魏安世、暴军、华宇

空间数据处理：魏安世、李伟、李大锋、秦琳、陈鑫、杨志刚、丁胜、张华英、黄宁辉、黎颖卿、刘立斌、吴斌、王延飞、汪求来、彭展花、谢玲、陈莲好、宾峰

属性数据处理与建库：魏安世、暴军、华宇、陈鑫

植物图库建库：李镇魁、李清湖、魏安世、陈鑫、杨志刚、丁胜、张华英、黄宁辉、刘立斌、吴斌、王延飞、汪求来、彭展花、谢玲、陈莲好

程序代码编写：魏安世、暴军、陈鑫、丁胜、华宇

系统测试：魏安世、李伟、李大锋、杨城、薛春泉、林中大、余松柏、刘凯昌

文档编写及全书统稿：魏安世

项目实施阶段分工如下：

设备管理：陈富强、李伟、杨城、彭展花

系统安装及分发：魏安世、李伟、李大锋、刘立斌、吴斌、陈鑫、陈君武

本书可为国家森林资源连续清查提供借鉴与参考。

由于编者水平有限，时间仓促，疏漏及不足之处在所难免，敬请各位同仁批评指正。

编　者

2012年9月

目 录

第3章 系统设计

第4章 数据库设计与数据建库

第5章 系统功能

第1章 森林资源清查概述

森林资源清查作为重要的林业实践活动和基础工作，在全国生态环境建设、林业生产、森林经营管理、科学研究等方面越来越体现出不可替代的基础作用。森林资源清查的内涵、目的与任务、地位及其作用，与森林在社会经济持续协调发展、生态环境建设和保护中的定位密切相关，与森林经营管理技术水平、利用途径和方式等相适应。与此同时，随着以生态环境建设为主的林业发展战略的全面实施、“3S”技术为核心的信息技术自身发展以及抽样技术在森林资源调查中的广泛应用，森林资源清查范围、内容、成果形式及其利用途径也在不断扩大。因此，中国森林资源清查工作，也是一个不断发展和完善的过程。

1.1 森林资源清查的内涵与任务

1.1.1 森林资源清查的内涵

森林资源清查是为不断满足国家依据社会经济发展、生态环境建设和保护过程中，对森林木质、非木质林产品和森林生态环境服务功能需求结构变化，从森林资源自身增长、分布规律和特点出发，结合中国国情、林情和中国森林资源管理特点，采用抽样调查技术和以“3S”技术为核心的现代信息技术，以省（区、市）为控制总体，通过固定样地设置和定期实测的方法，按照国家林业局颁布的《国家森林资源连续清查技术规定》(2004) 技术要求，以及国家林业局对不同省份具体时间安排，定期对森林资源调查所涉及的地类变化、森林面积、蓄积及其变化等一系列调查因子，采取相应的调查手段，准确、及时查清相关调查因子，在此基础上通过计算机进行统计和动态分析，对森林资源现状及其消长变化做出综合定价，并提供相应的技术图件的过程。

森林资源清查是一个不断发展与完善的过程。面向21世纪森林资源清查的总体任务就是为实现可持续林业提供信息支持。从全球范围来看，各个国家的森林资源清查工作不同程序地涉及到下列内容：土地利用类型、土地覆盖、土地衰退、立地类型、土壤类型、地形、权属、可及度、生物量、森林蓄积、其他林产品、生物多样性、森林健康状况、野生动物、人为活动和水文等项内容。按照调查对象的不同，其调查内容包括地况判读、森林植被分类（含土地利用分类）、林木（含植物）评价、树干量测、树冠量测、指示性植物调查、灾害调查、下层植被调查、年轮分析、土壤反应、叶面化学药物污染测定等项。目前国际上在进行森林资源清查过程中，由于内容的不断扩大，所用的评价指标和技术标准也在发生变化。传统的森林调查过程中以森林生长状况和立地因子为主，目前部分国家已经将森林健康、森林土壤和森林生态系统结构与功能指标纳入调查范围。概括起来可以分为以下 4 类：

（1）常规的森林生长状况和立土因子。如树种、年龄、密度、胸径、树高、蓄积量、郁闭度、立地条件等。并且采取分层调查进行，即林木层，分为乔木层（DBH ≥ 5cm）、幼树和灌木层（DBH ＜ 5cm）、死木、树冠特征、枯枝落叶；林下植被，包括植被图物种名录、植物群落、生命力和物候学；土壤层，包括物理性状、化学特征。

（2）森林健康状况。包括森林遭受酸沉降危害和与之有密切联系的病虫害两个方面。

（3）森林土壤状况。包括枯落物层的数量和化学性质（pH 值、灰分含量、Corg 含量、N 含量、各种营养元素和有毒元素的含量等）、各层矿质土壤的化学性质（pH 值、阳离子交换量和离子组成、石灰含量、Corg 含量、N 和 P 含量、水浸提液的阴离子组成等）等。

（4）其他有关的补充性调查或研究。例如叶面积指数、光合作用能力、森林生态系统结构和功能等。

1.1.2 森林资源清查的任务

我国森林资源清查的任务和内容，也是不断发展变化的。从 2004 年国家林业局颁布的《国家森林资源连续清查技术规定》来看，已经反映出这种变化。目前的调查内容可以划分为以下 5 个方面：

（1）土地利用与覆盖

包括的要素有土地类型、植被类型、湿地类型和土地退化 4 个方面，其任务是通过连续清查方式，及时查清和掌握土地利用类型动态变化、土地植被现状及其覆盖变化、湿地和土地退化类型及其退化程度。

（2）立地与土壤

包括的内容涉及地形地貌、坡向坡位，以及相应的土壤类型和土层厚度等反映森林立地和土地生产力的因素。其任务在于从宏观上及时了解和掌握影响森林资源分布的地理、土壤条件及其分布特征。

（3）森林特征

包括树种、龄组、森林结构和生物多样性等方面直接反映森林资源基本特征的因子。其任务是通过上述因子的连续清查，直接或间接查清森林资源树种、龄级等结构，生长量、枯损量等森林生长指标，以及森林面积和蓄积现状、样地所反映的森林管理归属等，结合历次清查数据，及时反映出上述因子的动态变化规律及其趋势。

（4）森林功能

从森林经营主导功能和森林生态系统环境服务功能角度，通过商品林和生态公益林、森林功能的关键因子、森林健康状况、生物多样性等内容的连续清查，及时查清和了解公益林、商品林分布格局和变化，掌握森林生态系统健康状况、病虫害以及外来有害生物等受危害的主要类型及其程度、生物多样性保护效果及其面临的主要威胁。

（5）其他因素

包括调查样地所处的流域、气候带，以及引起土地利用类型变化的影响因素等。任务是为进一步统计分析森林资源按照流域、气候带等现状及其动态变化规律提供基本信息，查清引起土地资源利用变化的社会、自然因素。

1.2 森林资源清查的目的与作用

任何森林资源清查都与一定地域关联。森林资源连续清查体系可依调查目的，分别在场、局（县）、省（区、市）、国家等不同地域范围内建立，但一般只能对建立体系的范围提供可靠的森林资源数据估计。而这种对特定范围的估计，远比同样范围内用细部调查数据的积累结果可靠和快速，地域范围越大，效率越高。森林资源清查能以较少的人力、财力和物力在较短的时间内准确查清全国及各省（区、市）的森林资源状况和消长变化，积累大量可比的森林资源信息。全国森林资源连续清查体系自1977年建立以来，经过多次复查，其清查成果为国家制定和调整林业方针政策、决策提供了科学依据，对强化资源管理，促进我国林业持续、快速、健康发展做出了积极贡献。同时，森林资源清查成果内容丰富，具有较强的可靠性、连续可比性、系统性和实用性，很快得到国家和地方的普遍认同和应用。

森林资源清查的目的与作用服从于特定时期国家、地区、部门，以及相关利益团体对林业发展和森林资源培育、经营、保护和利用的具体要求。森林资源清查的目的是综合的、多样化的、动态变化的。概括起来，森林资源清查的主要目的可区分为以下几个方面：

（1）为制定国家发展战略提供依据

特定时期国家总体发展战略的制定和调整，既取决于社会经济发展水平和综合国力的高低，同时也需要关注生态环境状况和生态安全。林地和森林作为特殊的土地利用类型和自然资源，不仅可为国家建设和发展、人民生活提供必需的多种木质和非木质林产品，更重要的是为人类的生存和发展提供良好的生态环境。森林资源连续清查，正是由于采取每隔5年进行一次固定样地调查，就能够及时准确地掌握全国各类林业用地动态、森林资源、森林环境（包括生物多样性、湿地、土地荒漠化等）现状及其变化趋势，从而进一步为国家从宏观上确立林业在国民经济和可持续发展中的地位做出正确判断。森林资源清查结果数据为国家宏观决策以及制定林业发展战略，提供了科学的基础数据，发挥了重要作用。

(2) 为调整林业发展方针和政策提供决策依据

林业作为国民经济的重要组成部门和生态建设与保护的重要行业，在不同的历史时期所承担的主导任务不同。而林业政策的制定和调查，既取决于国家管理体制的变革，特别是要适应社会主义市场经济体制建立和完善的要求，同时也受制于国家对林业发展需求结构的变化，更为重要的是林业政策的制定和调整要符合中国的林情。当今中国社会经济发展过程中，不仅需要林业继续提供日益增长的木质和非木质林产品，同时更需要中国林业为建立和维护国家生态安全体系做出重要贡献。

(3) 为全国生态质量监测提供重要数据

在全国范围内，及时掌握生态质量，特别是土地利用覆盖、水土流失、土地荒漠化、生物多样性等动态变化规律，是国家制定生态环境建设规划、调整环境政策等的重要依据。鉴于森林资源清查每隔 5 年进行一次，同时所调查要素基本包括了反映生态质量及其变化的主要内容，与生态质量其他监测体系共同构成监测网络，因此，也决定了森林资源连续清查在全国生态质量监测中的基础地位和重要性。

(4) 为编制国家和地言林业区划提供基础数据

林业既是一项公益事业也是一项基础产业。从林业自身特点来看，森林资源保护与发展是一个长期的过程，必须根据社会经济发展和生态建设与保护的需要，在宏观上解决森林资源配置问题，妥善安排公益林、商品林比例和配置。为此，必须以翔实、准确、可靠的土地利用结构、生态现状、森林资源基础等方面的基础资料为基础，而森林资源清查是获取信息的重要手段，因此也决定了森林资源清查满足森林区划需要的基本目的之一。

(5) 为编制林业发展计划提供直接信息

林业计划是实施中国林业可持续发展战略的具体体现和重要途径，是各级林业主管部门的重要职责。而在林业发展计划定制过程中，除了要充分考虑特定时期社会经济发展对林业的需求外，林业发展现状，森林资源分布、数量、变化趋势，以及相关的森林环境状况，土地退化类型、程度、分布，以及相关的林业发展社会经济条件，是编制和修订中长期林业发展计划的最直接和最充分的原始资料和信息来源。

(6) 为满足森林经营宏观管理提供决策依据

森林分类经营管理是中国森林资源保护和发展的重要途径。根据相关规程对森林进行分类区划界定、编制森林采伐限额是森林资源管理的基础工作，由于森林资源清查所涉及的因子全面系统，既包括反映森林重要性的因素也包括生态脆弱性因子，因此，可为公益林、商品林区划界定提供重要的基础数据，而森林资源清查中有关森林资源动态指标，更是宏观上把握森林资源消耗速度，制定国家和各省（区、市）大尺度森林采伐限额的直接依据。

(7) 对林业重点工程实施效果监测与评价

大工程带动大发展是当今中国林业发展的重要特征，也是中国林业快速发展的重要途径之一。林业重点工程具有规模大、范围广、建设内容复杂、时间长等特征，工程进展及其实施效果监测与评价，是进一步完善工程管理和工程调整的重要依据。通过森林资源清查，不仅能够有助于掌握工程进展，更重要的是可能及时反映出工程实施所带来的生态、经济等效益。对工程质量、效果做出及时准确监测和评价，从而起到监督与规范工程的目的。

（8）对森林经营效果进行监测与评价

森林可持续经营是森林资源保护与发展的核心。从森林可持续经营的任务来看，就是要依据特定时空条件下社会经济发展对森林产品及其环境服务功能的需要，采取更新、经营、保护和利用等林业活动。通过森林资源清查就能及时反映出所采取的森林经营措施是否有利于森林生态系统的健康和稳定、是否有利于提高森林生产力、是否有利于保护水土资源、是否有利于生物多样性保护和维持，从而为改善森林经营措施提供科学依据。

（9）对影响与制约林业发展的因素综合评价

林业建设、森林资源的保护和发展，不仅仅依赖于森林资源的数量和质量，同时也受到特定时空条件下社会经济发展水平的制约。与此同时，森林资源的有效保护和持续经营，也会对经济社会发展发挥直接作用。因此，通过森林资源清查，就能够及时反映出森林资源保护和发展所面临的社会经济变化，系统诊断和评价森林资源保护和发展所必须关注的社会经济因素，应对林业建设面临的机遇与挑战，从而最大限度地充分利用森林资源保护与发展的社会经济条件。另一方面也可能反映出森林资源保护与发展对于促进和保障经济社会持续协调发展的现实和潜在能力，及其满足程度，为将林业发展纳入区域可持续发展框架提供基础信息。

综上所述，森林资源清查可以查清土地利用覆盖、立地与土壤、森林基本特征、森林生态服务功能，以及监测土地利用类型和森林资源动态变化关键因素，并通过绘制全国森林分布图，森林资源现状数据汇总、前后期的资源动态变化数据分析等，从而为生态保护、林业建设和森林资源的保护和发展提供基础信息。因此，加强森林资源清查工作，已成为当今各极政府和林业部门，以及森林经营单位，为实现现代森林经营管理必不可少的重要环节和基础工作。

1.3 广东省森林资源清查体系沿革

（1）森林资源普查

1949 年前，广东省森林资源未曾进行过全面调查，仅在局部地区进行过踏查。50 年代以来，随着林业生产的发展，广东省进行过多次森林资源清查和资源数据统计、整理，为制定广东林业发展的方针政策，编制林业规划和计划，组织林业生产等方面提供了依据。由于各次森林资源调查历史背景、技术水平、人员素质等的影响，以及各次调查范围、采用的调查方法、技术标准不尽相同，其调查成果的质量和实用性都存在不同程度的差异。随着科学技术的发展、时间的推移，我国森林调查技术水平也在不断提高和发展，从而也推动了广东省森林资源调查技术的发展和提高。

广东省从 50 年代中期（1956 ～ 1957 年），开始对全省 68 个主要林区县进行了森林资源调查，当时技术力量以省林业厅调查队专业技术人员为主，调查方法主要采用小班区划、目测调查因子，求积仪求算面积，其调查成果于1962年经验证后上报林业部，参加全国第一次森林资源统计汇总工作。

(2)“四五”清查

根据林业部统一要求，广东省在1972 ~ 1976年进行了全省森林资源调查，即“四五”清查，这次清查以各地、县（市）为主体，省林勘队派员作技术指导，主要利用地形图调绘，以公社为总体进行抽样调查，对少林公社和国营林场采用小班调查，从而在一个相对集中的时间内，采取较为统一的调查方法对全省进行了第一次全面森林资源调查工作。

(3) 森林资源连续清查体系的建立

随着森林资源清查技术发展，全国建立并推广森林资源连续清查体系，广东省于1978 ~ 1979年开始建立了全省森林资源连续清查体系，开展了森林资源清查体系的初查工作，这次清查由广东省林业勘测设计院完成。分别以大陆部分和海南行政区为副总体，采用系统抽样方法，在大陆部分按8km × 6km网交叉点布设3685块样地，在海南行政区以4km × 6km网交叉点布设1421块样地，样地形状为正方形，样地面积为0.067hm^2。按优势地类法确定样地地类。外业调查过程中，专业技术人员作技术指导和质量检查把关；内业以省林勘院为主体，各地区派员参加完成。

(4) 森林资源清查第一次复查

1983年广东大陆部分开展了森林资源清查第一次复查，其调查方法、技术标准与初查相同。

1987年经全国人大批准成立海南省，原广东省一分为二，划分为广东省和海南省，因此，以后各次森林资源清查，均分别由海南省和广东省作为各自独立的森林资源连续清查体系组织实施。

(5) 森林资源清查第二次复查

1988年广东省开展了森林资源清查第二次复查工作。其调查方法、技术标准与初查和第一次复查相同，但调查总体为大陆部分，总面积为1767.69万hm^2。本次清查在原有的3685个固定样地基础上，新增了903个临时样地。

为了使调查成果更丰富，本次调查增加了几项专业调查：林业经营效果调查；林业经济结构变化调查；消耗量结构调查；土壤肥力调查和伐根调查，并且建立了土壤肥力监测系统。

(6) 森林资源清查第三次复查

根据原林业部统一部署，广东省于1992年开展了森林资源清查第三次复查，其调查方法、技术标准与上期相同。本次复查在原有的3685个固定样地基础上，为了进一步验证对固定样地是否有特殊对待，另增设了1228个临时样地，临时样地设于固定样地中心点以东250m，用角规控制检尺的方法测设。

(7) 森林资源清查第四次复查

1997年广东省开展了森林资源清查第四次复查，其调查方法、技术标准与上期调查相同。

（8）森林资源清查第五次复查

2002年广东省开展了森林资源清查第五次复查。本次调查在原来的3685个样地基础上，增设了25个红树林和沿海湿地样地，用于全省红树林资源估计，但未参与连清统计。本次复查，在原有固定样地的基础上，加密遥感判读样地，布设了一套遥感判读样本，判读样地数量为44562个，间距2km×2km。首次应用了GPS采集样地西南角坐标。

本次复查的内容，除按国家林业局统一规定增加了12项因子外，广东省还根据森林生态监测需要初步增加了22项有关森林生态环境和森林土壤的调查因子，首次建立了广东省森林生态宏观监测技术标准及体系，初步查清了有关广东省森林生态环境状况。

（9）森林资源清查第六次复查

2007年广东省开展了森林资源清查第六次复查。固定样地数量为3685个，遥感判读样地44562个。首次应用了DGPS-PDA对样地进行精确定位和数据采集试验。

本次复查增加了1/8样地的乔木树种多样性调查、森林景观遥感调查。

（10）森林资源清查第七次复查

2012年广东省开展了森林资源清查第七次复查。固定样地数量为3685个，遥感判读样地44562个。首次全面应用了iPad进行全程无纸化调查。

本次复查增加了1/8样地的乔木树种多样性调查、碳汇计量监测调查、大样地区划（2km×2km）及实地（500m×500m）验证调查。

第2章 需求分析

2.1 需求概述

2.1.1 任务简介

广东省每 5 年进行一次森林资源清查，是国家森林资源连续清查体系的组成部分。为了改善作业方法，优化工作流程，提高工作效率，提出利用 iPad 平板电脑进行野外调查的方案，主要通过建设基于 iPad 的森林资源清查系统和基于 Windows 的森林资源清查数据管理系统，为森林资源连续清查打造一个从数据采集到信息入库与管理一体化的无纸化数据采集作业模式，更有效地完成森林资源调查工作，为国家森林资源可持续发展提供准确、快捷的信息服务。

2.1.2 系统目标

本研究通过开发基于 iPad 的森林资源清查数据采集与管理系统，充分利用 iPad 的 GPS、拍照以及良好的可操作性，结合先进的信息采集技术建设广东省森林资源清查数据数据采集与管理平台，实现对森林资源调查从数据采集到信息入库的一体化管理。主要实现以下几个目标：

- 开发基于 iPad 的森林资源清查野外数据采集系统；
- 开发基于 Windows 的森林资源清查信息管理系统；
- 开发森林资源清查数据采集系统与信息管理系统之间的接口，实现数据无缝集成。

2.2 功能需求

2.2.1 数据采集客户端功能需求

2.2.1.1 输入样地号进入系统

- 用户根据调查的样地号，进入系统进行相关的操作。

◆ 样地号输入小数时当成整数处理。

◆ 如果输入样地号不存在时给予提示信息。

◆ 样地号输入框只能输入数字，不能输入英文字母或者文字。

2.2.1.2 调查内容目录（列表）显示

◆ 普通样地的样地号以黑色显示，1/8 样地以红色显示。

◆ 能够显示样地大概的位置信息，包括是否属于 1/8 样地。

◆ 能够分区域显示主要内容，包括导航定位、调查卡片封面、样地定位与测设、因子调查表、管理工具。

◆ 能够显示要调查的所有调查表格的列表，包括样地调查记录、工作人员表、样地定位与测设（样地引点位置图、样地位置图、引线测量记录、周界测量记录）、样地因子调查记录、跨角林调查记录、每木检尺记录、平均样木调查记录、石漠化调查记录、森林灾害情况调查记录、植被调查记录、下木调查记录、天然更新情况调查记录、复查期内样地变化情况调查记录、遥感验证样地调查记录、未成林造林地调查记录、杂竹样方调查记录、大样地区划调查记录。

2.2.1.3 GPS 导航定位

◆ 能够根据当前样地信息，自动打开本地离线地图，进行导航定位；分别用不同图标表示 GPS 当前的位置以及目标样地的位置。

◆ 能够打开或者关闭记录导航轨迹功能，并实时将数据保存到保本地数据库的表中；打开时在地图上实时显示轨迹。

◆ 保存当前 GPS 位置到样地因子调查表中。

◆ 能够对地图进行放大、缩小、平移等操作。

◆ 能够显示指南针，能够根据地球磁极变化旋转地图。

◆ 能够选择打开本地其他区域的地图数据。

◆ 能够将 1954 年北京坐标转换成 WGS84 坐标，并将两种坐标都显示出来。

◆ 能够显示 GPS 坐标信息，能够显示目标样地的位置、距离目标样地的距离。

2.2.1.4 指南针

◆ 用带刻度的罗盘，随着 iPad 旋转，指向北向的指针也相应旋转。

◆ 显示经度、纬度、海拔等信息。

2.2.1.5 样地调查记录

◆ 需要填写信息包括：总体名称，样地间距，样地形状，样地面积（公顷），地理纵坐标，地理横坐标，地形图图幅号，卫片号，地方行政编码，林业行政编码，市、林业企业局，县（市、区），自然保护区，乡（镇），森林公园，村，国有林场，小地名，集体林场，驻地出发时间，找到样点标庄时间，样地调查结束时间，返回驻地时间，检查时间。

◆ 可以查询、修改操作，默认修改操作。如果当前数据不存在，自动创建。

◆ 日期类型字段输入时，自动弹出日期选择框，选择时间后，其格式 YYYY/MM/DD hh:mm:ss。

◆ 数字类型字段输入时，自动弹出自定义数字小键盘。

◆ 输入文字时自动使用系统键盘。

◆ 如果修改数据,返回上一级菜单时,会提示"保存"、"不保存"、"取消"三个选项。选择"保存"会更新本地数据表的内容;选择"不保存"表示放弃修改的内容,不会更新本地数据表的内容;选择"取消"表示继续编辑当前的数据。

◆ 界面最上面显示当前的样地号。

2.2.1.6 工作人员表

◆ 需要填写信息包括:姓名、单位、电话、职责、地址。

◆ 可以查询、新增、删除、修改操作,默认修改操作。

◆ 对"姓名"、"单位"、"电话"、"地址"四个字段输入的数据自动保存,下次可以选择以前输入内容,便于加快输入的速度,也可以直接输入。

◆"职责"字段自动弹出相应内容的对话框,根据列出的内容作相应选择。

◆ 如果修改数据,返回上一级菜单时,会提示"保存"、"不保存"、"取消"三个选项。选择"保存"会更新本地数据表的内容;选择"不保存"表示放弃修改的内容,不会更新本地数据表的内容;选择"取消"表示继续编辑当前的数据。

◆ 界面最上面显示当前的样地号。

2.2.1.7 样地引点位置图

◆ 需要填写信息包括:坐标方位角、磁方位角、引线距离、罗差、引点特征说明。

◆ 显示样地引点位置图。

◆ 手绘功能:能编辑样地引点位置图。提供选择所绘线宽度、颜色的界面,提供橡皮擦功能、提供绘图回退、前进、清除功能。

◆ 可以对引点定位物进行查询、新增、删除、修改操作,默认修改操作。

◆ 数字类型字段输入时,自动弹出自定义数字小键盘。

◆ 枚举类型字段输入时,自动弹出枚举选择对话框。

◆ 界面最上面显示当前的样地号。

◆ 如果修改数据,返回上一级菜单时,会提示"保存"、"不保存"、"取消"三个选项。选择"保存"会更新本地数据表的内容;选择"不保存"表示放弃修改的内容,不会更新本地数据表的内容;选择"取消"表示继续编辑当前的数据。

◆ 字段输入检查:

样地引点字段输入检查表

序号	字段名称	数值范围	数值精度	是否编辑	是否可为空
1	引线距离	[0, 5000]	0.01	是	是
2	磁方位角	[0, 360]	0.1	是	是
3	罗差	[−15, 15]	0.1	是	是
4	坐标方位角	[0, 360)	0.1	是	是

2.2.1.8 样地位置图

◆ 需要填写信息包括:样地特征说明。

◆ 显示样地位置图。

◆ 手绘功能：能编辑样地位置图。提供选择所绘线宽度、颜色的界面，提供橡皮擦功能，提供绘图回退、前进、清除功能。

◆ 可以对样地西南角定位物进行查询、新增、删除、修改操作，默认修改操作。

◆ 界面最上面显示当前的样地号。

◆ 如果修改数据，返回上一级菜单时，会提示“保存”、“不保存”、“取消”三个选项。选择“保存”会更新本地数据表的内容；选择“不保存”表示放弃修改的内容，不会更新本地数据表的内容；选择“取消”表示继续编辑当前的数据。

2.2.1.9 样地引线测量记录表

◆ 需要填写信息包括：序号、测站、方位角、倾斜角、斜距、水平距、累计、备注。

◆ “水平距”、“累计”字段自动计算。“水平距”计算公式是：cos（倾斜角）× 斜距；“累计”计算公式是累计数据之和。

◆ 可以查询、新增、删除、修改操作，默认修改操作。

◆ 数字类型字段输入时，自动弹出自定义数字小键盘。

◆ 界面最上面显示当前的样地号。

◆ 如果修改数据，返回上一级菜单时，会提示“保存”、“不保存”、“取消”三个选项。选择“保存”会更新本地数据表的内容；选择“不保存”表示放弃修改的内容，不会更新本地数据表的内容；选择“取消”表示继续编辑当前的数据。

◆ 字段输入检查：

样地引线字段输入检查表

序号	字段名称	数值范围	数值精度	是否编辑	是否可为空
1	倾斜角	[0，90)	0.1	是	是
2	方位角	[0，360)	0.1	是	是
3	水平距	[0，1000]	0.01	是	是
4	斜距	(0，1000]	0.01	是	是
5	序号	[1，10]	1	否	是
6	累计	[0，5000]	0.01	是	是

2.2.1.10 样地周界测量记录表

◆ 需要填写信息包括：序号、测站、方位角、倾斜角、斜距、水平距、累计、备注、绝对闭合差。

◆ “水平距”、“累计”字段自动计算。“水平距”计算公式是：cos（倾斜角）× 斜距；“累计”计算公式是累计数据之和。

◆ 需要自动计算包括：相对闭合差、周长误差。

◆ 可以查询、新增、删除、修改操作，默认修改操作。

◆ 数字类型字段输入时，自动弹出自定义数字小键盘。

◆ 界面最上面显示当前的样地号。

◆ 如果修改数据，返回上一级菜单时，会提示“保存”、“不保存”、“取消”三个选项。选择“保存”会更新本地数据表的内容；选择“不保存”表示放弃修改的内容，不会更新本地数据表的内容；选择“取消”表示继续编辑当前的数据。

◆ 字段输入检查：

样地周界字段输入检查表

序号	字段名称	数值范围	数值精度	是否编辑	是否可为空
1	倾斜角	[0, 90)	0.1	是	是
2	方位角	[0, 300)	0.1	是	是
3	水平距	[0, 100]	0.01	是	是
4	斜距	(0, 51.64]	0.01	是	是
5	序号	[0, 100]	1	否	否
6	累计	[0, 150]	0.01	是	是
7	绝对闭合差	[0, 0.51]	0.01	是	是
8	周长误差	[0, 100]	0.00001	否	是
9	相对闭合差	(1, 10)	0.00001	否	否

2.2.1.11 样地因子调查记录

◆ 需要填写信息包括：样地类别、地形图图幅号、纵坐标、横坐标、GPS 纵坐标、GPS 横坐标、县（局）、地貌、海拔、地向、坡位、坡度、土壤名称、土层厚度、腐殖层厚度、枯枝落叶厚度、灌木覆盖度、灌木平均高、草木覆盖度、草本平均高、植被总覆盖度、土地类型、植被类型、湿地类型、湿地保护等级、沙化类型、沙化程度、石漠化程度、侵蚀沟崩塌面积比、土地权属、林木权属、林种、起源、优势树种、平均年龄、龄组、产期、平均胸径、平均树高、郁闭度、森林群落结构、林层结构、树种结构、自然度、可及度、工程类型、森林类别、公益林事权等级、公益林保护等级、商品林经营等级、森林灾害类型、森林灾害等级、森林健康等级、四旁树株数、毛竹林分株数、毛竹散生株数、杂竹株数、天然更新等级、地类面积等级、地类变化原因、有无特殊对待、林木总株数、活立木总蓄积、造林地情况、抚育情况、抚育措施、工程建设措施、是否非林地森林、经济林平均地径、经济林木株数、人工乔木幼树株数、调查日期、样木定位点、小样方 2m×2m 位置。

◆ 可以查询、新增、删除、修改操作，默认修改操作。

◆ 数字类型字段输入时，自动弹出自定义数字小键盘。

◆ 枚举类型字段输入时，自动弹出枚举选择对话框。

◆ 当输入地类时，会根据地类自动设置其他调查因子为一定要填写（白色）、视情况有可能要填写（绿色）、不填写（灰色）。

◆ 界面最上面显示当前的样地号。

◆ 如果修改数据，返回上一级菜单时，会提示“保存”、“不保存”、“取消”三个选项。选择“保存”会更新本地数据表的内容；选择“不保存”表示放弃修改的内容，不会更新本地数据表的内容；选择“取消”表示继续编辑当前的数据。

◆ 拍照两次并保存到数据表相应字段内。

◆ 字段输入检查：

样地因子字段输入检查表

序号	字段名称	数值范围	数值精度	是否编辑	是否可为空
1	海拔	[0, 2000)	1	是	是
2	平均年龄	[0, 100]	1	是	是

（续）

序号	字段名称	数值范围	数值精度	是否编辑	是否可为空
3	平均胸径	[0，30)	0.1	是	是
4	平均树高	[0，25]	0.1	是	是
5	灌木均高	[0，6]	0.1	是	是
6	灌木盖度	[0，100]	1	是	是
7	郁闭度	[0，1]	0.01	是	是
8	四旁树株数	[0，150]	1	是	是
9	经济林平均地径	[0，50]	0.1	是	是
10	经济林木株数	[0，1000]	1	是	是
11	侵蚀沟崩塌面积比	[0，100]	1	是	是
12	GPS横坐标	[19364000，20516000]	1	是	是
13	GPS纵坐标	[2240000，2824000]	1	是	是
14	草本均高	[0，4]	0.1	是	是
15	草本盖度	[0，100]	1	是	是
16	腐殖层厚度	[0，50]	1	是	是
17	落叶厚度	[0，30]	0.1	是	是
18	毛竹散生株数	[0，150]	1	是	是
19	毛竹林分株数	[0，300]	1	是	是
20	纵坐标	[2241，2832]	1	是	否
21	杂竹株数	[0，6000]	1	是	是
22	石漠化程度	10	无	是	否
23	样木总株数	[0，100]	1	是	是
24	坡度	[0，90)	1	是	是
25	土壤厚度	[0，300]	1	是	是
26	植被总盖度	[0，100]	1	是	是
27	人工乔木幼树株数	[0，100]	1	是	是

◆ **样地因子表填写逻辑检查：**

样地因子表填写逻辑检查表

序号	因子描述	错误信息	条件表达式
1	非红树林－地貌	非红树林样地必填（12）地貌	地类<>112 And（地貌<3 Or 地貌 Is Null）
2	非红树林－海拔	非红树林样地必填（13）海拔	地类<>112 And 海拔 Is Null
3	非红树林－坡向	非红树林样地必填（14）坡向	地类<>112 And（坡向=0 Or 坡向 Is Null）
4	非红树林－坡位	非红树林样地必填（15）坡位	地类<>112 And（坡位=0 Or 坡位 Is Null）
5	非红树林－坡度	非红树林样地必填（16）坡度	地类<>112 And 坡度 Is Null
6	林地－土壤名称、土壤厚度	林地一般应填写（17）土壤名称和（18）土壤厚度（林业辅助生产用地视情况填写）	（地类<180 Or 地类>1000）And（土壤名称=0 Or 土壤名称 Is Null Or 土壤厚度 Is Null）

（续）

序号	因子描述	错误信息	条件表达式
7	非红树林样地－腐殖质层厚度	非红树林样地一般应填写（19）腐殖质层厚度（林业辅助生产用地视情况填写）	((地类>115 And 地类<180) Or 地类=111 Or 地类>1000) And 腐殖厚度 Is Null
8	非红树林样地－枯枝落叶厚度	非红树林样地一般应填写（20）枯枝落叶厚度（林业辅助生产用地视情况填写）	((地类>115 And 地类<180) Or 地类=111 Or 地类>1000) And 落叶厚度 Is Null
9	林地－灌木覆盖度	除苗圃地以外的林地一般应填写（21）灌木覆盖度（林业辅助生产用地视情况填写）	((地类<180 And 地类<>150) Or 地类>1000) And 灌木盖度 Is Null
10	林地－灌木平均高	除苗圃地以外的林地一般应填写（22）灌木平均高（林业辅助生产用地视情况填写）	((地类<180 And 地类<>150) Or 地类>1000) And 灌木均高dm Is Null
11	林地－草本覆盖度	除苗圃地以外的林地一般应填写（23）草本覆盖度（林业辅助生产用地视情况填写）	((地类<180 And 地类<>150) Or 地类>1000) And 草本盖度 Is Null
12	林地－草本平均高	除苗圃地以外的林地一般应填写（24）草本平均高（林业辅助生产用地视情况填写）	((地类<180 And 地类<>150) Or 地类>1000) And 草本均高 Is Null
13	林地－植被总覆盖度	林地一般应填写（25）植被总覆盖度（林业辅助生产用地视情况填写）	(地类<180 Or 地类>1000) And 植被总盖度 Is Null
14	林地－植被类型	林地一般应填写（27）植被类型（林业辅助生产用地视情况填写）	(地类<180 Or 地类>1000) And (植被类型=0 Or 植被类型 Is Null)
15	红树林－湿地类型、湿地保护等级	红树林必填（28）湿地类型和（29）湿地保护等级	地类=112 And (湿地类型=0 Or 湿地类型 Is Null Or 湿地保护级=0 Or 湿地保护级 Is Null)
16	地形图幅号	所有样地必填（3）地形图幅号	地形图幅号 Is Null
17	土地权属	所有样地必填（38）土地权属	土地权属 Is Null
18	有林地、疏林地、灌木林地、未成林地、苗圃地必填林木权属	有林地、疏林地、灌木林地、未成林地、苗圃地必填（39）林木权属	(地类<=150 Or 地类>1000) And (林木权属=0 Or 林木权属 Is Null)
19	有林地、疏林地、灌木林地必填林种	有林地、疏林地、灌木林地必填（40）林种	(地类<140 Or 地类>1000) And (林种=0 Or 林种 Is Null)
20	有林地、疏林地、灌木林地、未成林地必填起源	有林地、疏林地、灌木林地、未成林地必填（41）起源	(地类<150 Or 地类>1000) And (起源=0 Or 起源 Is Null)
21	有林地、疏林地、灌木林地、未成林地必填优势树种	有林地、疏林地、灌木林地、未成林地必填（42）优势树种	(地类<150 Or 地类>1000) And (优势树种=0 Or 优势树种 Is Null)
22	有林地、疏林地必填平均年龄	有林地、疏林地必填（43）平均年龄	(地类<130 Or 地类>1000) And (平均年龄=0 Or 平均年龄 Is Null)
23	有林地、疏林地必填平均胸径	有林地、疏林地必填（46）平均胸径	(地类<130 Or 地类>1000) And (平均胸径=0 Or 平均胸径 Is Null)

（续）

序号	因子描述	错误信息	条件表达式
24	有林地、疏林地必填平均树高	有林地、疏林地必填（47）平均树高	（地类<130 Or 地类>1000） And （平均树高=0 Or 平均树高 Is Null）
25	有林地、疏林地必填郁闭度	有林地、疏林地必填（48）郁闭度	（地类<130 Or 地类>1000） And （郁闭度=0 Or 郁闭度 Is Null）
26	森林群落结构	有林地、国家特别规定灌木林地必填（49）森林群落结构	（地类<120 Or 地类>1000 Or 地类=131） And （森林群落结构=0 Or 森林群落结构 Is Null）
27	有林地必填林层结构	有林地必填（50）林层结构	（地类<120 Or 地类>1000） And （林层结构=2 Or 林层结构 Is Null）
28	有林地必填树种结构	有林地必填（51）树种结构	（地类<120 Or 地类>1000） And （树种结构=0 Or 树种结构 Is Null）
29	自然度	有林地、国家特别规定灌木林地必填（52）自然度	（地类<120 Or 地类>1000 Or 地类=131） And （自然度=0 Or 自然度 Is Null）
30	用材林的近、成、过熟林应填可及度	用材林的近、成、过熟林应填（53）可及度	（林种>=231 And 林种<=233） And 龄组>=3 And （可及度=0 Or 可及度 Is Null）
31	未成林造林地应填平均年龄	未成林造林地应填（43）平均年龄	地类=141 And （平均年龄=0 Or 平均年龄 Is Null）
32	人工灌木林地应填平均年龄	人工灌木林地应填（43）平均年龄	（地类>=131 Or 地类<=132） And 起源>20 And （平均年龄=0 Or 平均年龄 Is Null）
33	林地必填森林类别	林地必填（55）森林类别	（地类<200 Or 地类>1000） And （森林类别=0 Or 森林类别 Is Null）
34	有林地、国特灌——森林灾害类型	有林地、国家特别规定灌木林地必填（59）森林灾害类型	（地类<120 Or 地类>1000 Or 地类=131） And 森林灾害类型 Is Null
35	有林地、国特灌——森林灾害等级	有林地、国家特别规定灌木林地必填（60）森林灾害等级	（地类<120 Or 地类>1000 Or 地类=131） And 森林灾害等级 Is Null
36	森林健康等级	有林地、国家特别规定灌木林地必填（61）森林健康等级	（地类<120 Or 地类>1000 Or 地类=131） And （森林健康等级=0 Or 森林健康等级 Is Null）
37	毛竹林必填毛竹林分株数	毛竹林必填（65）毛竹林分株数	地类=1131 And （毛竹林分株数=0 Or 毛竹林分株数 Is Null）
38	天然更新等级	疏林地、灌木林地（国家特别规定灌木林地除外）、未成林封育地、无立木林地和宜林地，应调查（68）天然更新等级	（地类=120 Or 地类=132 Or 地类=142 Or （地类>160 And 地类<180）） And （天然更新等级=0 Or 天然更新等级 Is Null）
39	所有样地必填地类面积等级	所有样地必填（69）地类面积等级	地类面积等级 Is Null
40	有无特殊对待	所有样地必填（71）有无特殊对待	有无特殊对待 Is Null
41	造林地情况	对因人工造林形成的乔木林地、疏林地、灌木林地和未成林造林地，要调查（79）造林地情况	（地类<150 Or 地类>1000） And 起源>20 And （造林地情况=0 Or 造林地情况 Is Null）
42	公益林事权等级和公益林保护等级	（55）森林类别为生态公益林，应填写（56）公益林事权等级和（57）公益林保护等级	森林类别<20 And 森林类别>0 And （公益林权等级=0 Or 公益林保护级 Is Null Or 公益林权等级 Is Null Or 公益林保护级=0）

（续）

序号	因子描述	错误信息	条件表达式
43	调查日期	所有样地必填（90）调查日期	调查日期　Is Null
44	否非林地上森林	乔木林、竹林、国家特别规定灌木林地应填（83）是否非林地上森林	（地类>1000 Or 地类=111 Or 地类=118 Or 地类=131）And 是否非林地上森林　Is Null
45	中幼龄林－抚育状况、抚育措施	中幼龄林必填（80）抚育状况和（81）抚育措施	（龄组=1 Or 龄组=2）And（抚育状况=0 Or 抚育措施　Is Null Or 抚育状况　Is Null）
46	人工乔木幼树株数	应调查记载人工乔木幼林样地内西南角10m×10m样方内（89）乔木幼树株数	起源>20 And 地类=111 And 龄组=1 And（人工乔木幼树株数=0 Or 人工乔木幼树株数　Is Null）
47	经济林平均地径	对于灌木经济林和不需检尺的乔木经济林样地，选择3株平均木测量地径，算出（87）经济林平均地径并记载	林种>250 And（样木总株数=0 Or 样木总株数 Is Null）And（经济林平均地径=0 Or 经济林平均地径　Is Null）
48	毛竹散生株数	红树林、毛竹林不用填写（66）毛竹散生株数	（地类=112 Or 优势树种=660）And 毛竹散生株数>0
49	竹林不划薪炭林和经济林	竹林不划薪炭林和经济林，（40）林种错误	地类>1000 And 林种>=240
50	灌木林地不划用材林	灌木林地不划用材林，（40）林种错误	（地类>=131 And 地类<=132）And（林种>=230 And 林种<240）
51	天然针叶林的植被类型	天然针叶林的（27）植被类型应为暖性针叶林或热性针叶林	地类=111 And（（优势树种>=131 And 优势树种<150）Or（优势树种>=220 And 优势树种<400）Or 优势树种=610）And（起源>0 And 起源<20）And（植被类型<>116 And 植被类型<>114）
52	人工针叶林的植被类型	人工针叶林的（27）植被类型应为针叶林型	地类=111 And（（优势树种>=131 And 优势树种<150）Or（优势树种>=220 And 优势树种<400）Or 优势树种=610）And 起源>20 And 植被类型<>221
53	天然阔叶林的植被类型	天然阔叶林的（27）植被类型应为常绿落叶阔叶混交林或常绿阔叶林	地类=111 And（（优势树种>400 And 优势树种<600）Or（优势树种>4000 And 优势树种<6000）Or（优势树种>40000 And 优势树种<60000）Or 优势树种=620）And（起源>0 And 起源<20）And（植被类型>123 Or 植被类型<122）
54	人工阔叶林的植被类型	人工阔叶林的（27）植被类型应为阔叶林型	地类=111 And（（优势树种>400 And 优势树种<600）Or（优势树种>4000 And 优势树种<6000）Or（优势树种>40000 And 优势树种<60000）Or 优势树种=620）And 起源>20 And 植被类型<>223
55	天然红树林的植被类型	天然红树林的（27）植被类型应为红树林	地类=112 And（起源>0 And 起源<20）And 植被类型<>128
56	天然灌木林的植被类型	天然灌木林的（27）植被类型应为落叶阔叶灌丛或常绿阔叶灌丛或灌草（草）丛	（地类>=130 And 地类<140）And（起源>0 And 起源<20）And（植被类型<133 Or 植被类型>135）

（续）

序号	因子描述	错误信息	条件表达式
57	人工灌木林的植被类型	人工灌木林的（27）植被类型应为灌木林型	(地类>130 And 地类<140) And 起源>20 And 植被类型<>224
58	天然竹林的植被类型	天然竹林的（27）植被类型应为竹林	地类>1000 And (起源>0 And 起源<20) And 植被类型<>129
59	人工竹林、红树林的植被类型	人工竹林、红树林的（27）植被类型应为其它木本类型	(地类>1000 Or 地类=112) And 起源>20 And 植被类型<>225
60	针阔混交林的植被类型	天然针阔混交林的（27）植被类型应为暖性针阔混交林或热性针阔混交林	地类=111 And 优势树种=630 And (植被类型<>115 And 植被类型<>117) And 起源<20
61	林种与森林类别应保持一致	（40）林种与（55）森林类别应保持一致	((森林类别=11 And (林种>117 Or 林种<111)) Or ((林种>=111 And 林种<=117) And 森林类别<>11)) And (地类<140 Or 地类>1000)
62	林种与森林类别应保持一致	（40）林种与（55）森林类别应保持一致	((森林类别=12 And (林种>127 Or 林种<121)) Or ((林种>=121 And 林种<=127) And 森林类别<>12)) And (地类<140 Or 地类>1000)
63	林种与森林类别应保持一致	（40）林种与（55）森林类别应保持一致	((森林类别=23 And (林种>233 Or 林种<231)) Or ((林种>=231 And 林种<=233) And 森林类别<>23)) And (地类<140 Or 地类>1000)
64	林种与森林类别应保持一致	（40）林种与（55）森林类别应保持一致	((森林类别=24 And 林种<>240) Or (森林类别<>24 And 林种=240)) And (地类<140 Or 地类>1000)
65	林种与森林类别应保持一致	（40）林种与（55）森林类别应保持一致	((森林类别=25 And 林种<251) Or (林种>=251 And 森林类别<>25)) And (地类<140 Or 地类>1000)
66	优势树种与树种结构应保持一致。	（42）优势树种与（51）树种结构应保持一致	(优势树种=610 And 树种结构<>5) Or (优势树种<>610 And 树种结构=5)
67	优势树种与树种结构应保持一致	（42）优势树种（51）树种结构应保持一致	(优势树种=620 And 树种结构<>7) Or (优势树种<>620 And 树种结构=7)
68	优势树种与树种结构应保持一致	（42）优势树种（51）树种结构应保持一致	(优势树种=630 And 树种结构<>6) Or (优势树种<>630 And 树种结构=6)
69	必填地类	所有样地必填（26）地类	地类 Is Null
70	样地照片	请拍摄2张样地照片	(样木总株数>0 Or 四旁树株数>0 Or 毛竹林分株数>0 Or 毛竹散生株数>0) And (样地照片A Is Null Or 样地照片B Is Null)
71	竹林样地－优势树种	（26）地类为竹林样地，（42）优势树种也应为竹林树种	地类>1000 And (优势树种<660 Or (优势树种>690 And 优势树种<6810) Or 优势树种>6816)
72	人工林（含人工国特灌）－自然度	人工林（含人工国特灌）的（52）自然度只能为5	起源>20 And 自然度<>5 And (地类<120 Or 地类=131 Or 地类>1000)
73	森林类别－公益林事权等级	（55）森林类别为商品林或无，就不应有（56）公益林事权等级	(森林类别>20 Or 森林类别=0 Or 森林类别 Is Null) And 公益林权等级>0

（续）

序号	因子描述	错误信息	条件表达式
74	森林灾害－森林健康等级	有轻度森林灾害，(61) 森林健康等级就不能填写健康	森林灾害等级>0 And 森林健康等级=1
75	森林灾害类型－森林灾害等级	(59) 森林灾害类型与 (60) 森林灾害等级不一致	((森林灾害类型=0 Or 森林灾害类型 Is Null) And 森林灾害等级>0) Or (森林灾害类型>0 And (森林灾害等级=0 Or 森林灾害等级 Is Null))
76	植被总覆盖度－郁闭度、灌木覆盖度、草本覆盖度	(25) 植被总覆盖度小于 (48) 郁闭度或 (21) 灌木覆盖度或 (23) 草本覆盖度	植被总盖度<100*crown_density100 Or 植被总盖度<bush_cover_degree Or 植被总盖度<herb_cover_degree
77	植被类型－植被总覆盖度	(27) 植被类型与 (25) 植被总覆盖度不一致	植被类型>0 And (植被总盖度=0 Or 植被总盖度 Is Null)
78	非毛竹林－龄组	龄组错误	优势树种<>660 And 龄组>5
79	草本覆盖度－草本平均高	(23) 草本覆盖度与 (24) 草本平均高不一致	((草本均高 Is Null Or 草本均高=0) And 草本盖度>0) Or (草本均高>0 And (草本盖度 Is Null Or 草本盖度=0))
80	灌木覆盖度－灌木平均高	(21) 灌木覆盖度与 (22) 灌木平均高不一致	((灌木均高dm Is Null Or 灌木均高dm=0) And 灌木盖度>0) Or (灌木均高dm>0 And (灌木盖度 Is Null Or 灌木盖度=0))
81	灌木林－灌木覆盖度	灌木林地类的 (21) 灌木覆盖度不能小于30%	(地类=131 Or 地类=132) And 灌木盖度<30
82	经济林－产期	经济林应调查 (45) 经济林产期	林种>250 And (产期 Is Null Or 产期=0)
83	经济林－经济林平均地径、经济林木株数	经济林样地应调查 (87) 经济林平均地径、(88) 经济林木株数	林种>250 And (经济林木株数 Is Null Or 经济林木株数=0 Or 经济林平均地径 Is Null Or 经济林平均地径=0)
84	疏林地－郁闭度	疏林地的 (48) 郁闭度应在 0.1～0.19 之间	地类=120 And (郁闭度<0.1 Or 郁闭度>=0.2 Or 郁闭度 Is Null)
85	森林类别－商品林经营等级	(55) 森林类别为商品林的有林地、疏林地、灌木林地，应填写 (58) 商品林经营等级	森林类别>20 And (商品林经营级 Is Null Or 商品林经营级=0) And (地类<140 Or 地类>1000)
86	公益林事权等级、商品林经营等级－森林类别	有 (56) 公益林事权等级或 (58) 商品林经营等级，但却没有 (55) 森林类别	(商品林经营级>0 Or 公益林权等级>0) And (森林类别 Is Null Or 森林类别=0)
87	森林类别－商品林经营等级	(55) 森林类别为公益林或无，就不应填写 (58) 商品林经营等级	(森林类别<20 Or 森林类别 Is Null) And 商品林经营级>0
88	人工起源－自然植被类型	(41) 起源为人工的样地，(27) 植被类型不能为自然植被类型	起源>20 And (植被类型<=200 And 植被类型>0)

（续）

序号	因子描述	错误信息	条件表达式
89	工程类别－工程建设措施	（54）工程类别与（82）工程建设措施不一致，要有都有要无都无	(工程类别>0 And (工程建设措施 Is Null Or 工程建设措施=0)) Or ((工程类别 Is Null Or 工程类别=0) And 工程建设措施>0)
90	地类－林层结构	除有林地、疏林地外，其他地类不需要调查（50）林层结构	(地类>120 And 地类<1000) And (林层结构=0 Or 林层结构=1)
91	龄组－抚育状况	非中幼龄林（竹林），不需调查（80）抚育状况	(龄组<>1 And 龄组<>2) And 抚育状况>0
92	植被总覆盖度－郁闭度（不为空）、灌木与草本盖度之和	（25）植被总覆盖度大于（48）郁闭度、（21）灌木覆盖度、（23）草本覆盖度之和错误	(植被总盖度>100 * crown_density100 + herb_cover_degree + bush_cover_degree And 灌木盖度 Is Not Null And 郁闭度 Is Not Null And 草本盖度 Is Not Null) Or (植被总盖度>100 * crown_density100 And 灌木盖度 Is Null And 郁闭度 Is Not Null And 草本盖度 Is Null) Or (植被总盖度>100 * crown_density100 + herb_cover_degree And 灌木盖度 Is Null And 郁闭度 Is Not Null And 草本盖度 Is Not Null) Or (植被总盖度>100 * crown_density100 + bush_cover_degree And 灌木盖度 Is Not Null And 郁闭度 Is Not Null And 草本盖度 Is Null)
93	湿地类型－地类面积等级	有（28）湿地类型，（69）地类面积等级就不能小于3	湿地类型>0 And (地类面积等级<3 Or 地类面积等级 Is Null)
94	植被总覆盖度－郁闭度（为空）、灌木与草本盖度之和	（25）植被总覆盖度大于（48）郁闭度、（21）灌木覆盖度、（23）草本覆盖度之和错误	(植被总盖度>0 And 灌木盖度 Is Null And 郁闭度 Is Null And 草本盖度 Is Null) Or (植被总盖度>herb_cover_degree And 灌木盖度 Is Null And 郁闭度 Is Null And 草本盖度 Is Not Null) Or (植被总盖度>bush_cover_degree And 灌木盖度 Is Not Null And 郁闭度 Is Null And 草本盖度 Is Null) Or (植被总盖度>herb_cover_degree + bush_cover_degree And 灌木盖度 Is Not Null And 郁闭度 Is Null And 草本盖度 Is Not Null)
95	人工针阔混交林－植被类型	人工针阔混交林的（27）植被类型应为针阔混交林型	地类=111 And 优势树种=630 And 植被类型<>222 And 起源>20
……	……	……	……

2.2.1.12 跨角林调查记录

◆ 需要填写信息包括：面积比例、地类、土地权属、林木权属、林种、起源、优势树种、龄组、郁闭度、平均树高、森林群落结构、树种结构、商品林经营等级。

◆ 可以查询、新增、删除、修改操作，默认修改操作。

◆ 数字类型字段输入时，自动弹出自定义数字小键盘。

◆ 枚举类型字段输入时，自动弹出枚举选择对话框。

◆ 界面最上面显示当前的样地号。

◆ 如果修改数据，返回上一级菜单时，会提示“保存”、“不保存”、“取消”三个选项。选择“保存”会更新本地数据表的内容；选择“不保存”表示放弃修改的内容，不会更新本地数据表的内容；选择“取消”表示继续编辑当前的数据。

◆ 字段输入检查：

跨角林调查字段输入检查表

序号	字段名称	数值范围	数值精度	是否编辑	是否可为空
1	面积比	(0，50)	0.1	是	是
2	郁闭度	[0，1]	0.01	是	是
3	跨角序号	[1，3]	1	是	是
4	树高	(0，50)	0.1	是	是

2.2.1.13 每木检尺记录

◆ 显示样木主要信息：样木号、立木类型、树种、前期胸径、检尺类型、方位角、水平距、本期胸径。前期的非活立木用蓝色显示。

◆ 根据自定义的逻辑检查表的信息，检查所填写的内容是否正确。

◆ 界面最上面显示当前的样地号、样木定位点。可以输入样木号做模糊过滤。

◆ 可以查看前期样木位置图和本期样木位置图。

2.2.1.14 每木检尺详细记录

◆ 需要填写信息包括：立木类型、树种、前期胸径、前期检尺类型、检尺类型、方位角、采伐管理类型、竹度、水平距、跨角地类序号、林层、本期胸径、备注。

◆ 根据当前样地每木数据，以样木定位点（中心点、左上角，左下角、右上角、右下角）为基准，实时绘制样木位置图。阔叶用圆形图标表示（单株加圆内加一个点，双株加两个点，三株以及三株以上加三个点）；针叶用三角形图标表示（单株加三角形内加一个点，双株加两个点，三株以及三株以上加三个点）；红色的图标表示还没有按要求调查填写好数据，绿色的图标表示已经调查填写好了。新增、删除、修改都可以重新绘制样木位置图。绘图是根据树种、方位角、水平距、样木定位点这四个数据。图可以放大、缩小、平移操作。

◆ 警告提示。如：本期胸径比前期胸径大 10cm，或小于前期胸径，或本期胸径值大于 50cm，都应有系统提示。若输入样木位置超出样地边界，也应有提示。

◆ 可以查询、新增、删除、修改操作，默认修改操作，新增、删除、修改后都会自动保存，无需返回上一级菜单时才保存。

◆ 可以输入样木号来查询数据，如果存在，刷新界面的数据，否则，提示“此样木号不存在！”。

◆ 可以修改样木号，修改时系统应提示。

◆ 新增样木时，检尺类型自动变为进界木。

◆ 对已有样木的检尺类型定为非活立木时，自动转抄前期胸径。

◆ 数字类型字段输入时，自动弹出自定义数字小键盘。

◆ 枚举类型字段输入时，自动弹出枚举选择对话框。

◆ 可以用代码输入树种，也可以用枚举型输入，也可以用手写输入过滤后选择输入，也可以进入广东树种图库查询选择后输入。

◆ 可以选择样木定为平均样木，写入到平均样木调查记录表中。

◆ 字段输入检查：

每木检尺字段输入检查表

序号	字段名称	数值范围	数值精度	是否编辑	是否可为空
1	方位角	[0, 360)	0.1	是	是
2	胸径本期	[5, 200]	0.1	是	是
3	胸径前期	[0, 100]	0.1	否	是
4	水平距	[0, 28.26]	0.1	是	是
5	跨角地类序号	[1, 3]	1	是	是
6	前期检尺类型	10	无	否	是

2.2.1.15 平均样木调查记录

◆ 需要填写信息包括:树高、枝下高、冠幅(平均)、冠幅(东西)、冠幅(南北)。

◆ 平均样木调查记录由每木检尺记录产生。

◆ 可以查询、删除、修改操作，默认修改操作。

◆ 数字类型字段输入时，自动弹出自定义数字小键盘。

◆ 枚举类型字段输入时，自动弹出枚举选择对话框。

◆ 界面最上面显示当前的样地号。

◆ 如果修改数据,返回上一级菜单时,会提示“保存”、“不保存”、“取消”三个选项。选择“保存”会更新本地数据表的内容；选择“不保存”表示放弃修改的内容，不会更新本地数据表的内容；选择“取消”表示继续编辑当前的数据。

◆ 字段输入检查：

2.2.1.16 石漠化程度调查记录

◆ 需要填写信息包括：土壤侵蚀程序、岩基裸露、植被覆盖度、土层厚度。根据所填写的信息，自动计算出每一项的评分和综合评定的分数。

◆ 可以查询、新增、删除、修改操作，默认修改操作。

◆ 数字类型字段输入时，自动弹出自定义数字小键盘。

◆ 枚举类型字段输入时，自动弹出枚举选择对话框。

◆ 界面最上面显示当前的样地号。

◆ 如果修改数据,返回上一级菜单时,会提示“保存”、“不保存”、“取消”三个选项。选择“保存”会更新本地数据表的内容；选择“不保存”表示放弃修改的内容，不会更新本地数据表的内容；选择“取消”表示继续编辑当前的数据。

◆ 字段输入检查：

石漠化程度调查字段输入检查表

序号	字段名称	数值范围	数值精度	是否编辑	是否可为空
1	等级1	[0, 10]	1	否	是
2	等级2	[0, 100]	1	否	是
3	等级3	[0, 100]	1	否	是
4	等级4	[0, 100]	1	否	是
5	等级5	[0, 100]	1	否	是

（续）

序号	字段名称	数值范围	数值精度	是否编辑	是否可为空
6	综合评定	[0，100]	1	否	是
7	岩基裸露	[0，100]	1	是	是
8	植被覆盖度	[0，100]	1	是	是
9	坡度	[0，90)	1	是	是
10	土层厚度	[0，300]	1	是	是

2.2.1.17 森林灾害情况调查记录

◆ 需要填写信息包括：序号、灾害类型、危害部位、受害株数、受害等级。

◆ 可以查询、新增、删除、修改操作，默认修改操作。

◆ 数字类型字段输入时，自动弹出自定义数字小键盘。

◆ 枚举类型字段输入时，自动弹出枚举选择对话框。

◆ 界面最上面显示当前的样地号。

◆ 如果修改数据，返回上一级菜单时，会提示“保存”、“不保存”、“取消”三个选项。选择“保存”会更新本地数据表的内容；选择“不保存”表示放弃修改的内容，不会更新本地数据表的内容；选择“取消”表示继续编辑当前的数据。

◆ 字段输入检查：

森林灾害情况调查字段输入检查表

序号	字段名称	数值范围	数值精度	是否编辑	是否可为空
1	序号	[0，100]	1	否	是
2	受害样木株数	[0，100]	q	是	是

2.2.1.18 植被调查记录

◆ 需要填写信息包括：名称、株数、平均高、平均地径、盖度。

◆ 植被调查 3 种类型，分别是：灌木、草木、地被物。

◆ 可以查询、新增、删除、修改操作，默认修改操作。

◆ 数字类型字段输入时，自动弹出自定义数字小键盘。

◆ 枚举类型字段输入时，自动弹出枚举选择对话框。

◆ 可以用枚举型输入灌木、草木、地被物，也可以用手写输入过滤后选择输入，也可以进入广东树种图库查询选择后输入。

◆ 界面最上面显示当前的样地号。

◆ 如果修改数据，返回上一级菜单时，会提示“保存”、“不保存”、“取消”三个选项。选择“保存”会更新本地数据表的内容；选择“不保存”表示放弃修改的内容，不会更新本地数据表的内容；选择“取消”表示继续编辑当前的数据。

◆ 字段输入检查：

植被调查字段输入检查表

序号	字段名称	数值范围	数值精度	是否编辑	是否可为空
1	平均高	[0，3]	0.01	是	是

（续）

序号	字段名称	数值范围	数值精度	是否编辑	是否可为空
2	平均地径	[0，30]	0.1	是	是
3	覆盖度	[0，100]	1	是	是
4	株数	[0，200]	1	是	是

2.2.1.19 下木调查记录

◆ 需要填写信息包括：名称、高度、胸径。

◆ 可以查询、新增、删除、修改操作，默认修改操作。

◆ 数字类型字段输入时，自动弹出自定义数字小键盘。

◆ 枚举类型字段输入时，自动弹出枚举选择对话框。

◆ 可以用枚举型输入下木，也可以用手写输入过滤后选择输入，也可以进入广东树种图库查询选择后输入。

◆ 界面最上面显示当前的样地号。

◆ 如果修改数据，返回上一级菜单时，会提示“保存”、“不保存”、“取消”三个选项。选择“保存”会更新本地数据表的内容；选择“不保存”表示放弃修改的内容，不会更新本地数据表的内容；选择“取消”表示继续编辑当前的数据。

◆ 字段输入检查：

下木调查字段输入检查表

序号	字段名称	数值范围	数值精度	是否编辑	是否可为空
1	胸径	[0，10]	0.1	是	是
2	高度	[0，5]	0.1	是	是

2.2.1.20 天然更新调查记录

◆ 需要填写信息包括：树种、健康状况、破坏情况、高 <30cm、30<= 高 <50cm、高 >=50cm。

◆ 可以查询、新增、删除、修改操作，默认修改操作。

◆ 数字类型字段输入时，自动弹出自定义数字小键盘。

◆ 枚举类型字段输入时，自动弹出枚举选择对话框。

◆ 界面最上面显示当前的样地号。

◆ 如果修改数据，返回上一级菜单时，会提示“保存”、“不保存”、“取消”三个选项。选择“保存”会更新本地数据表的内容；选择“不保存”表示放弃修改的内容，不会更新本地数据表的内容；选择“取消”表示继续编辑当前的数据。

◆ 字段输入检查：

天然更新调查字段输入检查表

序号	字段名称	数值范围	数值精度	是否编辑	是否可为空
1	高30～50cm株数	[0，30)	1	是	是
2	高<30cm株数	[0，50)	1	是	是
3	高>=50cm株数	[0，10)	1	是	是

2.2.1.21 复查期内样地变化情况调查记录

◆ 需要填写信息包括：项目、前期、本期、变化原因。

◆ 可以查询、新增、删除、修改操作，默认修改操作。

◆ 数字类型字段输入时，自动弹出自定义数字小键盘。

◆ 枚举类型字段输入时，自动弹出枚举选择对话框。

◆ 界面最上面显示当前的样地号。

◆ 如果修改数据，返回上一级菜单时，会提示“保存”、“不保存”、“取消”三个选项。选择“保存”会更新本地数据表的内容；选择“不保存”表示放弃修改的内容，不会更新本地数据表的内容；选择“取消”表示继续编辑当前的数据。

2.2.1.22 遥感验证样地调查记录

◆ 需要填写信息包括：地类、植被类型、优势树种（组）、龄组、郁闭度、湿地类型、沙化类型、沙化程度、石漠化程度。

◆ 可以查询、新增、删除、修改操作，默认修改操作。

◆ 数字类型字段输入时，自动弹出自定义数字小键盘。

◆ 枚举类型字段输入时，自动弹出枚举选择对话框。

◆ 界面最上面显示当前的样地号。

◆ 如果修改数据，返回上一级菜单时，会提示“保存”、“不保存”、“取消”三个选项。选择“保存”会更新本地数据表的内容；选择“不保存”表示放弃修改的内容，不会更新本地数据表的内容；选择“取消”表示继续编辑当前的数据。

◆ 字段输入检查：

遥感验证样地调查字段输入检查表

序号	字段名称	数值范围	数值精度	是否编辑	是否可为空
1	郁闭度	(0，1]	0.01	是	是

2.2.1.23 未成林造林地调查记录

◆ 需要填写信息包括：造林年度、苗龄、初植密度、苗木成活率、抚育管护措施（灌溉、补植、施肥、抚育、管护）。

◆ 可以查询、新增、删除、修改操作，默认修改操作。

◆ 数字类型字段输入时，自动弹出自定义数字小键盘。

◆ 枚举类型字段输入时，自动弹出枚举选择对话框。

◆ 界面最上面显示当前的样地号。

◆ 如果修改数据，返回上一级菜单时，会提示“保存”、“不保存”、“取消”三个选项。选择“保存”会更新本地数据表的内容；选择“不保存”表示放弃修改的内容，不会更新本地数据表的内容；选择“取消”表示继续编辑当前的数据。

◆ 字段输入检查：

未成林造林地调查字段输入检查表

序号	字段名称	数值范围	数值精度	是否编辑	是否可为空
1	苗龄	[0，5]	1	是	是

（续）

序号	字段名称	数值范围	数值精度	是否编辑	是否可为空
2	初植密度	[0，10000]	1	是	是
3	苗木成活率	[0，100]	1	是	是
4	造林年度	[2007，2012]	1	是	是
5	比例	[0，10]	1	是	是

2.2.1.24 杂竹样方调查记录

◆ 需要填写信息包括：样方编号、株数、平均胸径、平均标下高、平均竹高，竹林类型、竹种。

◆ 自动计算内容包括：样方小计、树下高小计、竹高小计、株数小计、平均胸径、平均枝下高、平均竹高、平均株数。

◆ 可以查询、新增、删除、修改操作，默认修改操作。

◆ 数字类型字段输入时，自动弹出自定义数字小键盘。

◆ 枚举类型字段输入时，自动弹出枚举选择对话框。

◆ 界面最上面显示当前的样地号。

◆ 如果修改数据，返回上一级菜单时，会提示“保存”、“不保存”、“取消”三个选项。选择“保存”会更新本地数据表的内容；选择“不保存”表示放弃修改的内容，不会更新本地数据表的内容；选择“取消”表示继续编辑当前的数据。

◆ 字段输入检查：

杂竹样方调查字段输入检查表

序号	字段名称	数值范围	数值精度	是否编辑	是否可为空
1	平均竹高	(0，15)	0.1	是	是
2	平均胸径	[0，20]	0.1	是	是
3	平均枝下高	(0，15)	0.1	是	是
4	样方编号	[1，4]	1	否	是
5	株数	[0，300]	1	是	是

2.2.1.25 大样地区划调查记录

◆ 需要填写信息包括：地块号、验证地类、优势树种、龄组、郁闭度、是否非林地上森林、备注。

◆ 对大样地区划图编辑功能。

◆ 可以查询、新增、删除、修改操作，默认修改操作。

◆ 数字类型字段输入时，自动弹出自定义数字小键盘。

◆ 枚举类型字段输入时，自动弹出枚举选择对话框。

◆ 界面最上面显示当前的样地号。

◆ 如果修改数据，返回上一级菜单时，会提示“保存”、“不保存”、“取消”三个选项。选择“保存”会更新本地数据表的内容；选择“不保存”表示放弃修改的内容，不会更新本地数据表的内容；选择“取消”表示继续编辑当前的数据。

◆ 字段输入检查：

大样地区划调查字段输入检查表

序号	字段名称	数值范围	数值精度	是否编辑	是否可为空
1	郁闭度	(0, 1]	0.01	是	是

2.2.1.26 表间逻辑检查

◆ 检查多表之间相互依赖关系是否正确，指导用户按规则填写数据。

◆ 如果未通过，显示错误信息，指导用户哪里需要修改。

2.2.1.27 数据上传

◆ 通过 Wi—Fi 网络，将调查的结果上传回服务器。

◆ 可以只上传当前样地。

◆ 上传的数据用列表表示，可以单选、可以全选、可以反选。

◆ 列表显示详细信息包括：样地号、市、县、乡、村、地名等。

◆ 上传前先检查网络是否有效。

◆ 上传出错返回并显示出错的信息。

◆ 只要修改过数据，就会在上传列表中显示。

◆ 上传完成后，在上传列表中不显示上传完成的样地（不会删除数据）。

2.2.1.28 树种图库

◆ 树种图库选择器，可以模糊过滤，可以进入树种图库模块，查看树种的详细信息，包括：树种名称、树种连清代码、别名、科、形态特征，还有树种 500×500 图片四张分别为干形、枝叶、花、果。

◆ 可以过滤查询，包括以下条件：科、生活型、树种组、叶型、叶序、叶脉、叶形、叶缘、叶基、叶尖、托叶、花形、花色、花冠、果形、果型、果色、乳汁、腺体、毛被、树皮、种名，其他特征。这些条件输入时都要有选择对话框，其值是此字段的所有值的唯一值；种名、其他特征要支持模糊查询；查询结果小于 30 条记录才可以浏览查看，否则继续选择过滤条件，使结果满足小于 30；查询结果条目数要在界面显示；要有清空全部选择条件项的功能。

◆ 图片类型分成干形、枝叶、花、果四类，这四类可以自由随意切换。同一类型的图片可以左右浏览，同时详细信息也随着同时改变。

2.2.2 数据管理客户端功能需求

2.2.2.1 对样地调查数据增加、删除、修改、查询

◆ 能对样地调查数据进行增删改查功能，数据表分别是卡片封面、人员记录、样地引点位置图、样地位置图、样地引线测量记录、样地周界测量记录、样地因子调查记录、跨角林调查记录、每木检尺记录、样木位置示意图、平均样木调查记录、石漠化程度调查记录、森林灾害情况调查记录、植被调查记录、天然更新情况调查记录、复查期内样地变化情况调查记录、遥感验证样地调查记录、杂竹样方调查记录、下木调查记录、未成林造林地调查记录、未成林造林树种组成、斑块区划调查、斑块角规

测树记录、大样地区划调查记录表、大样地区划调查地图绘、GPS 轨迹、iPad 设备管理等。

◆ 样地查询分 3 种方法：第一种是按样地号查询，运算符包括等于、大于等于、小于、小于等于、不等于、在……之间；第二种是按区域查询，查询条件包括地市州名、县（区）名，可以只选择地市州名查询，也可以县（区）名查询，但选择县（区）名必需先选择地市州名查询；第三种自定义查询，查询条件可以根据当前显示的结果来自定义，即自定义查询的字段、过滤条件。

◆ 数据编辑时应设置工具栏，显示当前编辑所处的状态。工具栏包括编辑、新增、删除、确定、取消五个按钮，分别表示 5 种可以操作的状态。"编辑"按钮，开启当前的编辑状态，可以修改、新增、删除 3 种操作；"新增"按钮，即可以新增一条记录；"删除"按钮，即可以删除当前选中的所有记录；"确定"按钮，即可以将修改、新增、删除的记录保存的数据库中；"取消"按钮，即可以取消修改、新增、删除的记录。初始状态，只有"编辑"按钮可用，"编辑"可以启用"新增"、"删除"、"确定"、"取消"四个按钮的可用状态。点击"确定"、"取消"按钮后，恢复工具栏的初始化状态。

◆ 工具栏包括编辑、新增、删除三个按钮是否使用，受用户的权限限制。

2.2.2.2 表字段验证设置

◆ 对每个调查的表设置字段的信息，验证的类型分 2 种：第一种是数字类型的字段，验证信息包括：描述信息、表名、字段名、最小值、最大值、小数位精度、是否应用、是否编辑、是否可为空、是否包含最小值、是否包含最大值、不包含数值；第二种是字符串类型的字段，其验证信息包括：描述信息、表名、字段名、字符串最大长度、字符串格式、是否应用、是否编辑、是否可为空。

2.2.2.3 样地因子表填写验证设置

◆ 样地因子表填写内容验证包括：因子描述、错误信息、条件表达式。因子描述是对这个验证条件的说明。错误信息是给用户看的指导信息，帮助用户改正填写内容的不正确。条件表达式是这个验证条件成立的条件，包括：序号、左括号、字段名、条件、值、右括号、关系。

◆ 条件表达式是可以一个或者多个，其设置必需符合 SQL 语句的规则。

◆ 条件表达式必需在服务器上验证通过后，才能保存。

◆ 条件表达式的字段名是要可以选择的，序号自动增加，条件包括不等于、等于、大于、大于等于、小于等于、不为空、为空。值可以任意。关系包括无、并且、或者。

2.2.2.4 权限管理

◆ 权限管理分为角色管理和用户管理。

◆ 角色管理是用户所属角色的权限管理，包括是否可新增、是否可删除、是否可修改、是否可查询。默认设置三个角色名称分别是 Admin、Advance、Login。Admin 是管理员用户，拥有最高权限。Advance 是高级用户，可以增删改查。Login 是普通用户，只可以查看。

◆ 用户管理是登录用户设置管理。包括用户 ID、用户密码、用户别名、所属的角色 ID。用户的权限由其分配的用户赋予。

2.2.2.5 样地数据下载

◆ 样地数据下载，将服务器上需要调查的表，下载到本地电脑，生成 SQLite 数据库。也可以直接连线 iPad，将数据下载到 iPad 中程序所属的文档目录下。

◆ 使用 USB 连接 iPad 功能。

◆ 下载数据可以按样地号查询，也可以按区域查询。可以单选、多选、反选结果。将选中的目标样地的所有表结构以及数据，转成 SQLite 数据库。

◆ 转换为国家最新标准（第八次全国森林资源清查）数据库。

2.2.2.6 植物图库下载

◆ 植物图库下载，将服务器植物图库表，下载到本地电脑，生成 SQLite 数据库。

2.2.2.7 参数设置

◆ 程序连接参数设置，包括 SQL 服务器地址、数据库名、用户名、密码。如果程序是第一次运行，程序的配置文件不存在，首先打开此程序，进行连接配置设置。成功后，方可进入系统，否则，程序直接退出。进入系统后，也可以设置程序连接参数。

◆ 中间服务地址设置，包括中间服务的 Web Services 服务地址。比如：http://xxx.xxx.xxx.xxx:xxxx/ForestIIService/ForestWS.asmx/UploadDataForIpad

2.2.2.8 打印报表

◆ 报表所属的格式，参照《国家森林资源和生态状况综合监测试点及广东省森林资源连续清查第六次复查操作细则》——附件 1 外业调查记录表。

◆ 报表需要支持打印预览、支持双面打印。可以打印多份。

◆ 报表数据查询以样地号为基础，支持单个查询，按范围查询。

◆ 可以从上传样地日志中查询已经上传的样地号，并可以选择预览。

2.2.3 数据服务功能需求

◆ 森林资源清查数据服务用于外业工作人员，通过 Wi-Fi 或 3G 网络上传森林资源调查数据到中心服务器。

2.3 运行环境需求

2.3.1 硬件

Web 服务器：普通的 Web 服务器即可。
数据库服务器：普通的服务器即可。

2.3.2 软件

服务器端：

◆ 操作系统：Windows 2003

◆ Web 服务：IIS5.0 以上，Microsoft.NET Framework 2.0、Microsoft .NET Framework3.5

◆ 数据库：SqlServer 2005 企业版

数据管理客户端：

◆ 操作系统：WinXP 以上

数据采集客户端：

◆ iOs：4.3 以上

◆ ArcGIS for iOS 2.1

2.3.2.1 数据连接接口

◆ SQL Server2005：地址 xxx.xxx.xxx.xxx 服务 ForestIlService 端口 80

◆ Webservice:http://xxx.xxx.xxx.xxx/ForestIlService/ForestWS.asmx/UploadDataForIpad

2.3.2.2 接口协议

接口采用标准的 HTTP 协议，用 POST 或者 GET 方法。建议统一采用 POST 方式。输入输出参数可以采用 XML 字符串或者 Jason 字符串方式。

注意事项：

◆ 参数名称统一用小写。

◆ 参数中的中文字符统一采用 UTF-8 进行 URL 编码。

◆ 如果密码中存在特殊字符，也需要 URL 编码处理。

◆ 返回结果为纯文本方式和 xml 格式两种。

◆ 在返回结果中，需要去除前后多余的空白行。

◆ (服务器支持 https 方式，为安全性考虑，建议以 https 方式调用)

◆ 用于文本分割的分割符号均为英文字符，比如逗号和分号。

◆ xml 方式返回结果中，所有中文字符已经经过 xml 转义处理。

◆ xml 元素中的值，也需要先去除前后的空白字符。(使用 trim 方法)

◆ 返回结果代码定义：

数据传输验证返回结果表

值	含义
0	成功
1	失败，原因未知

返回的 XML 格式：

```
<?xmlversion="1.0"encoding="UTF-8"?>
<result>
<code>0</code>
<result>
```

第3章 系统设计

3.1 定义

相关术语名称含义表

序号	术语名称	术语定义
1	总体结构	软件系统的总体逻辑结构。为一树形的功能模块结构图
2	外部接口	本软件系统与其他软件系统之间的接口，接口设施可以是中间件。接口描述包括：传输方式、带宽、数据结构、传输频率、传输量、传输协议
3	数据结构	数据结构包括：数据库表的结构、其他数据结构等
4	概念数据模型CDM	关系数据库的逻辑设计模型，叫做概念数据模型；主要内容包括一张逻辑E–R图及其相应的数据字典
5	物理数据模型PDM	关系数据库的物理设计模型，叫做物理数据模型。主要内容包括一张物理表关系图及其相应的数据字典
6	子系统	具有相对独立功能的小系统叫做子系统；一个大的软件系统可以划分为多个子系统，每个子系统可由多个模块或多个部件组成
7	模块	具有功能独立、能被调用的信息单元叫做模块
8	内部接口	软件系统内部各子系统之间、各部件之间、各模板之间的接口，叫做内部接口。接口描述包括：调用方式、入口信息、出口信息等
9	相关文件	指当本文件内容变更后，可能引起变更的其他文件。如需求分析报告、计细设计说明书、测试计划、用户手册
10	参考资料	指本文件书写时用到的其他资料。如各种有关规范、模板、标准、准则
11	iOs	苹果iOS是由苹果公司开发的手持设备操作系统
12	.NET Framework 4.0	.NET Framework 4是支持生成和运行下一代应用程序和 XML Web Services 的内部 Windows 组件，很多基于此架构的程序需要它的支持才能够运行

3.2 总体设计

3.2.1 基础平台

3.2.1.1 苹果 iOS

苹果 iOS 是由苹果公司开发的手持设备操作系统。苹果公司最早于 2007 年 1 月 9

日的 Macworld 大会上公布这个系统，最初是设计给 iPhone 使用的，后来陆续套用到 iPod Touch、iPad 以及 Apple TV 等苹果产品上。iOS 与苹果的 Mac OS X 操作系统一样，它也是以 Darwin 为基础的，因此同样属于类 Unix 的商业操作系统。原本这个系统名为 iPhone OS，直到 2010 年 6 月 7 日 WWDC 大会上宣布改名为 iOS。

iOS 的系统结构分为以下四个层次：核心操作系统（the Core OS layer）、核心服务层（the Core Services layer）、媒体层（the Media layer）、Cocoa 触摸框架层（the Cocoa Touch layer）。其系统结构图如下所示。

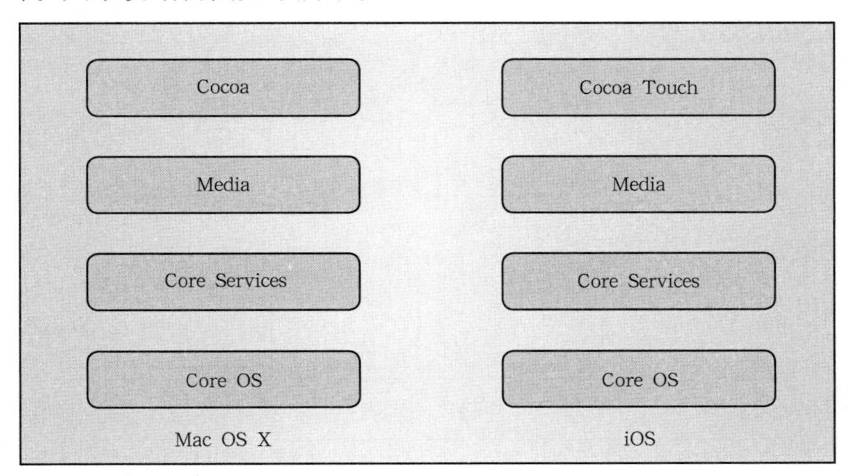

系统结构图

Objective-C，通常写作 ObjC 和较少用的 Objective C 或 Obj-C，是扩充 C 的面向对象编程语言。它主要使用于 Mac OS X 和 GNUstep 这两个使用 OpenStep 标准的系统，而在 NeXTSTEP 和 OpenStep 中更是基本语言。Objective-C 可以在 gcc 运作的系统写和编译，因为 gcc 含 Objective-C 的编译器。1980 年初布莱德•确斯（Brad Cox）在其公司 Stepstone 发明 Objective-C。他对软件设计和编程里的真实可用度问题十分关心。Objective-C 最主要的描述均出自他 1986 年出版的 Object Oriented Programming: An Evolutionary Approach. Addison Wesley 一书中。

3.2.1.2 NET Framework 4.0

.NET Framework 4.0 是支持生成和运行下一代应用程序和 XML Web Services 的内部 Windows 组件，很多基于此架构的程序需要它的支持才能够运行。

它提供一个一致的面向对象的编程环境，而无论对象代码是在本地存储和执行，还是在本地执行但在 Internet 上分布，或者是在远程执行的。

它提供一个将软件部署和版本控制冲突最小化的代码执行环境。

它提供一个可提高代码（包括由未知的或不完全受信任的第三方创建的代码）执行安全性的代码执行环境。

它提供一个可消除脚本环境或解释环境的性能问题的代码执行环境。

它使开发人员的经验在面对类型大不相同的应用程序（如基于 Windows 的应用程序和基于 Web 的应用程序）时保持一致。

它按照工业标准生成所有通信，以确保基于 .NET Framework 的代码可与任何其他代码集成。

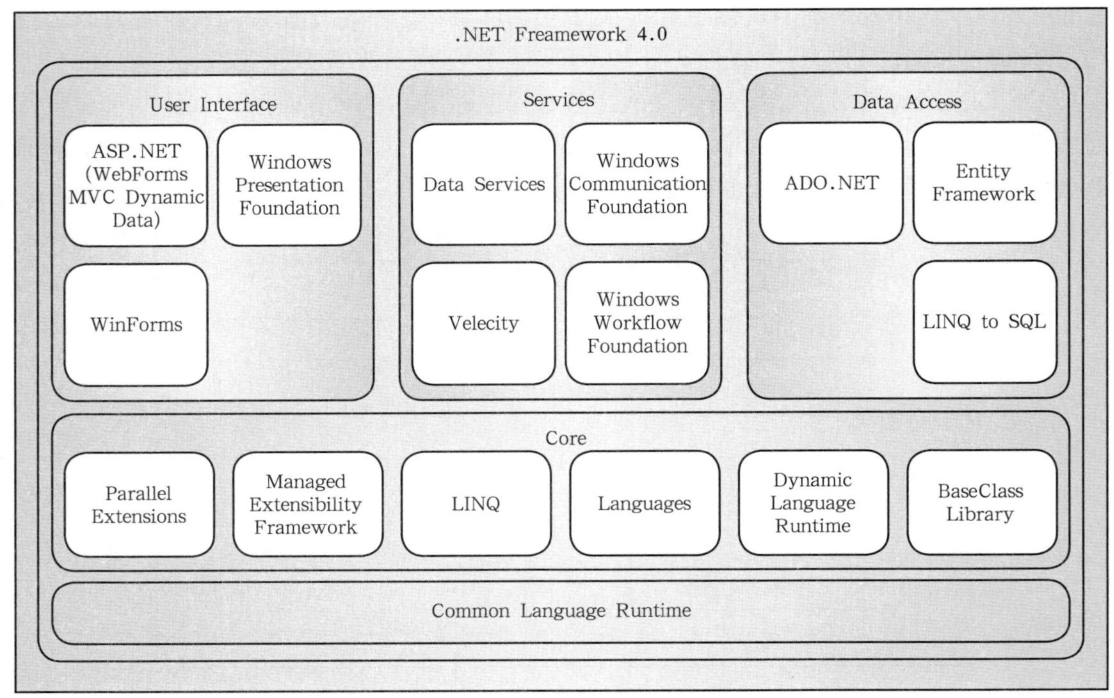

.NET Freame work 4.0框架结构图

3.2.1.3 Xcode 集成开发环境

为了开发 iPad、iPhone OS 应用，需要一台装有 Mac OS X 操作系统的计算机，并且安装了 iPhone SDK。iPhone SDK 包括完整的 Xcode 开发工具，采用 Xcode 工具就可以开发 iPad、iPhone 应用，开发者可以从 http://developer.apple.com/iphone/program/ 申请 iPhone 开发者程序，获得许多开发 iPhone 应用所需要的资源。

（1）Xcode 工具

Xcode 是 Apple 开发工具套件中的一个工具，它提供了项目管理、代码编辑、编译可执行文件、源代码调试、代码库管理和性能优化等的工具。工具套件的中心是 Xcode 应用程序，它提供了基本的源代码开发环境，Xcode 不是唯一使用的开发工具。

首先要关注的是 Xcode 应用程序，Xcode 是一个集成开发环境（IDE），它提供了开发 iPhone 应用项目的所有源代码的创建和管理、编译代码为可执行文件、运行调试代码，还包括在 iPhone 模拟器上运行或者是直接在设备上运行等。

开发者可以在 Xcode 中创建新项目，开始新的 iPhone 应用程序。一个项目管理应用程序所有的信息，包含源代码、编译设置和把所有文件整合到一起的编译规则。Xcode 项目的核心是项目窗口，开发者可以通过该窗口快速访问应用程序的所有关键元素。组和文件列表管理项目文件，包括了源代码文件和编译后的目标文件。工具栏提供了常用的工具和命令，详细资料面板用来设置项目的工作区域，项目窗口的其他部分可以提供更多的项目信息。

Xcode 有一个高级的代码编辑器，它提供代码补全、语法高亮、代码隐藏（临时隐藏代码块），还有错误、警告和说明的内置注释。Xcode 环境中提供了一些默认的设置和用户环境设置。并且需要立即帮助文档，Xcode 搜索助手提供了上下文文档，同时开发者可以在帮助文档（通过快捷键）窗口中浏览和搜索相关信息。

开发者在 Xcode 创建应用程序，在编译时需要选择 iPhone 模拟器（Simulator）还是设备（Device）。iPhone 模拟器提供了一个本地的应用测试环境。在 iPhone 模拟器通过测试后，可以用 Xcode 编译并运行到与计算机相连接的 iPhone 上。在 iPhone 上的运行提供了最全面的测试环境,Xcode 可以在设备测试时用内置的调试器跟踪代码。

（2） Interface Builder

Interface Builder 用来组织创建应用程序的用户图形界面。使用 Interface Builder 拖放一些定义好的组件到应用程序窗口。这些组件包括标准的系统控制,如开关、文本框、按钮和其他一些自定义的视图，通过它们组织应用程序的图形界面，然后可以把它们放到 Window 对象这个平面中，并且可以在窗口中拖放它们，通过 Inspector（在 IB 中快捷键 command + 1）设置它们的属性，并且建立组件和应用程序对象的连接。一旦完成了创建视图,将会以 nib 文件形式（Mac OS 工程为 .nib,iPhone 工程为 .xib）保存起来。

在 Interface Builder 中创建的 nib 文件包含了 UIKit 需要在应用中创建相同对象的所有信息。在运行时加载 nib 文件，创建它们的运行时版本，设置与 Interface Builder 中相同的属性。它也使用连接信息，建立新建对象和应用程序中其他对象之间的联系。连接信息提供了代码与 nib 文件的对象连接关系，同时也提供了对象与用户动作之间的联系。

总的来说，在创建应用程序图形用户界面时，使用 Interface Builder 可以节约大量时间。Interface Builder 摆脱了手工编写代码创建、设置和定位界面对象，并且 Interface Builder 是一个可视的编辑器，开发者可以清楚地看到在运行时界面效果。

（3） Instruments

为了确保软件具有最佳的用户体验，Instruments 可以分析 iPhone 应用在模拟器或真实设备上运行时的性能。Instruments 将用时间轴图表的形式表现运行应用程序时的各种数据，包括内存消耗、磁盘活动、网络活动和图形表现等。时间轴视图表征了不同类型的应用程序信息，可以收集应用程序的全部行为，而不是某个特定区域的行为。

除时间轴视图外，Instruments 也提供工具帮助开发者分析运行时应用程序的行为。例如，Instruments 窗口可以保存多个运行时数据，开发者可以观察应用程序的行为哪些需要改进或哪些需要重写，开发者可以保存数据到 Instruments 文档中，也可以随时打开这些数据。

3.2.1.4 Objective-C

Objective-C 是由 Brad J.Cox 在 20 世纪 80 年代早期创建，是扩充 C 的面向对象编程语言。主要使用于 Mac OS X 和 GNUstep 这两个使用 OpenStep 标准的系统，而在 NeXTSTEP 和 OpenStep 中它更是基本语言。

Objective-C 用途 ：编写 iPhone 应用程序的利器。随着 Mac OS 和 iPhone、iPad 开发的兴起，Objective-C 受到越来越多的关注，其流行度也在不断攀升。

3.2.1.5 ArcGIS Runtime SDK for iOS

ArcGIS Runtime SDK for iOS 是在 Apple 移动设备上实现随时随地访问云平台提供的 GIS 能力的应用程序和开发包。它可使用 Objective-C 构建多种应用程序（这些应用程序将运用 ArcGIS Server 提供的强大制图、地理编码、地理处理和自定义功能）并将它们部署到 Apple iPhone、iPod Touch 和 iPad 等设备上。API 包括可在 Xcode 集成开发环境（IDE）中使用的本地 Objective-C 库、模板和实例。

3.2.1.6 Microsoft SQL Server 2005

Microsoft SQL Server 2005 是一个全面的数据库平台，使用集成的商业智能 (BI) 工具提供了企业级的数据管理。Microsoft SQL Server 2005 数据库引擎为关系型数据和结构化数据提供了更安全可靠的存储功能，可以构建和管理用于业务的高可用和高性能的数据应用程序。

3.2.1.7 SQLite

SQLite 是一款轻型的数据库，是遵守 ACID 的关联式数据库管理系统，它的设计目标是嵌入式的，而且目前已经在很多嵌入式产品中使用了 SQLite，它占用资源非常低，非常适合在嵌入式设备中使用。

3.2.2 业务概述

3.2.2.1 iPad 端数据采集

按照表单规范，制作不同的表单数据录入界面，实现数据的采集与编辑。包括样地所有的表，样地调查总体信息、样地定位与测设、样地引线及周界测量记表、样地因子调查记录及跨角林调查记录表、样地每木检尺记录、样木位置示意图、平均样木调查记录、石漠化程度调查、植被（灌木、草本、地被物）调查、下木调查、天然更新情况调查、复查期内样地变化情况、遥感验证调查、未成林造林地调查、杂竹样方调查、大样地区划调查等数据表。针对这些数据采用合适的输入界面布局，尽量与纸质表格保持一致的风格，可以让调查人员能够快速熟悉系统的使用。

森林资源信息内容以样地编号为索引进行组织，该样地下所有的信息都可以浏览和编辑，通过野外调查进行更新。

样地导航与指南针，通过将地图导入到 iPad 中，并标识目标样地，利用内置的 GPS 功能可直接引导调查人员到所需调查样地复位，方便调查人员在野外找到样地目标。指南针可以给野外调查人员指明大概方向。

草图描绘功能在是指在样地引点位置图以及样地位置图上，记录需要调查、编绘的信息，调查员可以直接在屏幕上进行绘图，并且可以选择画笔的颜色，线条的粗细。需要删除的时候可以选择橡皮檫功能或者回退的方式进行操作。

自定义键盘功能是指在用户输入信息的时候，根据信息的内容调出不同键盘进行输入，免去用户自己选择键盘的操作，比如，用户输入的信息是时间，那么弹出的键盘就是时间选择键盘，如果用户输入的信息是数字，那么调出的键盘就是数字键盘。

枚举选择输入功能，在实际样地调查过程中，很多表单的内容都是预先给定了待选值，尤其是样地因子调查表，表内很多项都是可以通过枚举的方式供调查员选择，系统需提供弹出式选择菜单，将该项的待选值全部放到菜单中，调查员可以根据实际情况进行选择，避免了复杂的输入操作，从而简化野外的调查工作。

样木位置示意图是以图形的方式描述样木在样地中的位置，样木位置信息是根据方位角和水平间距来获得的，系统提供查看全部样木分布、查看前期胸径、查看本期胸径等功能。针对样木的管理，提供新增样木、删除样木等功能。为了解决样木较多显示不清晰的问题，系统还提供示意图的缩放功能。

利用 iPad 的 Wi-Fi 功能通过远程访问数据中心的数据服务，实现数据的无线传输。

样地因子的验证主要实现对样地调查信息缺漏项的自动判断、唯一性检查等功能，主要包括：样地调查各项因子均应按规定要求记载，不得漏项；样地号是唯一的，样地号和样地坐标不允许有任何差错，样地号必须和样地坐标一一对应，纵、横坐标不允许采用只填尾数的省略写法；地类是整个样地中最重要的因子，不允许有错，因为它在很大程度上决定了其它有关的调查内容。如有林地，应同时填写权属、林种、起源、优势树种、平均年龄、龄组、平均胸径、平均树高、郁闭度；样地因子之间的逻辑检查，如：地类为乔木林地，则郁闭度应大于等于 0.20；地类为疏林地，则郁闭度应在 0.10 ～ 0.19 之间；样地为用材林近成过熟林，则可及度等级不能为空值。前后期样地因子的对照检查，若地类、林种、权属、起源、平均年龄、龄组、优势树种等发生变化，必须结合样木记录和样地信息记录进行分析；参加统计的前后期样地每木检尺卡片，均需用计算机逐样地逐株对照检查；样木号、立木类型、检尺类型、树种、胸径、采伐管理类型、林层、跨角地类序号、方位角、水平距均应填写完整；复测样地前期每株活样木（不包括采伐木、枯立木、枯倒木和多测木）后期都必须有去处；样木号不能出现重号；要特别加强对同时出现漏测木、错测木、采伐木、枯倒木样地的内外检查，这类样地的样木复位可能存在问题。

对输入数据的验证。用户输入数据的时候，根据设置的表字段验证规则，实时验证输入的数据是否正确，如果不正确，给予相应的提示。

3.2.2.2 数据管理

- 对样地调查数据查询、修改。
- 表字段验证设置。
- 样地因子表填写验证设置。
- 权限管理。
- 样地数据下载。
- 植物图库下载。
- 打印输出。
- 系统参数设置。

3.2.2.3 数据服务

接收 iPad 森林资源调查系统上传的森林资源调查数据，将其写入数据库，并将其状态写入日志，每一次上传都应有记录。

3.2.2.4 系统处理流程

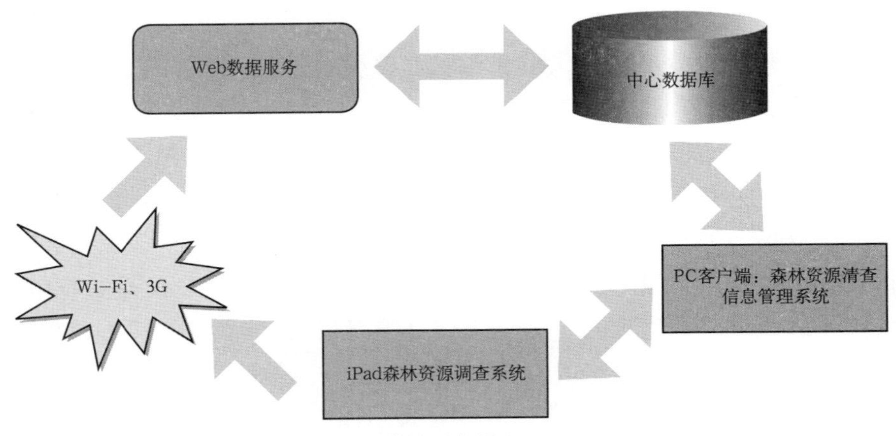

系统处理流程图

iPad 森林资源调查系统：用户使用的 iPad 终端软件，包括对各种调查数据的填写界面、离线地图导航、GPS 轨迹记录、指南针、输入数据的验证、样地因子填写验证、每木检尺图、数据上传等。

Wi-Fi、3G：通过网络，将调查后的数据上传到中心数据库。

PC 客户端（森林资源信息管理系统）：对森林资源调查数据的增删改查功能、用户管理、样地因子填写验证设置、输入数据验证设置、程序基础数据设置、样地数据下载、树种图库数据下载等。

中心数据库：是 SQL Server 2005 数据库，包括了所有的基础设置表以及森林资源调查表。

Web 数据服务：负责接收 iPad 森林资源调查系统上传的森林资源调查数据，并将其写入数据库、将其状态写入日志。

3.2.3 系统总体设计

森林资源数据中心以及森林资源管理系统将以 Visual Studio 2010 为开发平台，采用 C# 开发语言，选择 Microsoft Sql Server 2005 作为数据库存储系统，采用基于的 C/S 网络结构模式进行开发。

iPad 数据调查系统以 Apple 公司的 iOS 为开发平台，采用 Objective-C 开发语言，选择 SQLite 为 iPad 端数据库存储系统，采用 C/S 网络结构开发。

3.2.3.1 技术路线

随着互联网应用的普及，相对于传统的 C/S 结构而言，B/S 开发结构得到了较为广泛的推广，B/S 结构对用户的技术要求比较低，对客户端机器的配置要求也较低，而且界面丰富、客户端维护量小、程序分发简单、更新维护方便。它容易进行跨平台布置，容易在局域网与广域网之间进行协调，尤其适宜信息发布类应用。但是，在本项目中要考虑充分利用 iPad 的设备特点和野外的作业方式（可能没有网络支持），所以在 iPad 上不能采用基于浏览器的开发模式。

传统的C/S结构由于数据的存取和处理主要依赖于客户端程序，本地化的程序配置复杂（如必须配置本地ODBC或固定服务器机器名等），逐台配置机器对于一个拥有多用户的复杂系统而言，工作量较大，维护成本高；而应用程序由于需要经常更新，因此逐台更新的问题比较复杂；另一方面，C/S结构对网络底层协议的依赖性大，由于部分程序不是建立在TCP/IP协议之上的，因此对防火墙、多网端等问题的解决并不方便，对跨平台的支持也稍显不足；另外，目前的应用系统建设一般都超出了局域网范畴，传统C/S结构对实现内网/外网、局域网/广域网间的有机整合也有局限。

鉴于系统的应用有很大的可能性是要通过Internet访问服务器端，所以我们提出基于Internet的C/S混合结构，这样可以将iPad数据提交和数据获取通过服务的方式进行，客户端的程序也可以通过互联网的方式进行下载更新。通过这种方式从某种意义上来讲结合了C/S和B/S的特点，既能够保证硬件对客户应用的支持又能够实现远程数据的无线传输。

3.2.3.2 系统框架结构

通过对广东省森林资源调查及森林资源信息管理系统服务项目的需求进行分析，结合以往成熟经验的基础上确定了整个系统的设计和开发思路，提出一个完整总体框架解决方案——将系统分为五个层次，即系统支撑层、数据层、数据服务层、业务逻辑层和表现层，其总体框架结构如下图所示。

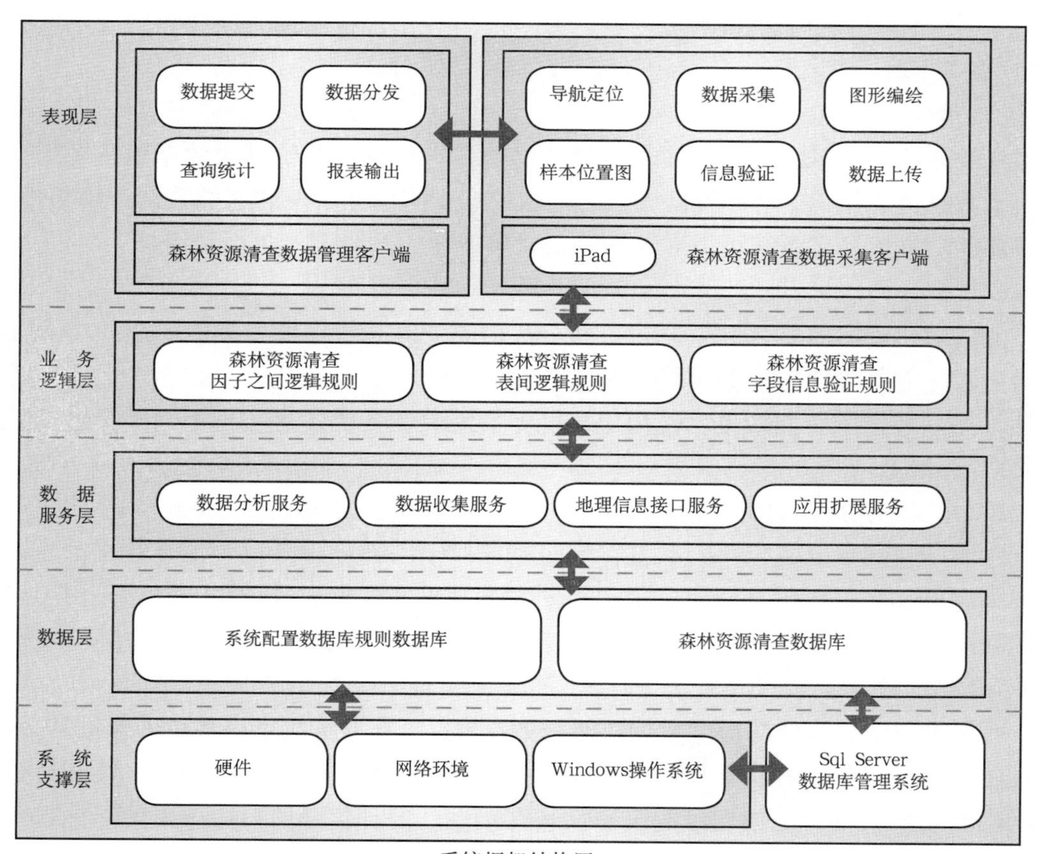

系统框架结构图

3.2.3.3 系逻辑结构

系统支撑层指明了系统的运行环境，包括软硬件环境、关系数据库管理系统等等，是系统安全运行的保障。

数据层指明了数据的来源，包括森林资源清查数据在数据库中的存储内容、组织方式和存储机制。系统配置数据库、规则数据库和森林资源数据中心的数据都存储在 SQL Server 数据库中，导航电子地图数据以瓦片方式进行组织，以文件形式存储。

数据服务层抽象了前端应用系统和森林资源数据中心的逻辑规则，主要提供维护数据中心运作的服务，通过服务的方式向客户端提供数据和应用。

业务逻辑层是对森林资源数据的业务逻辑进行包装，通过将业务逻辑与展示层分离，使得系统的框架更加灵活，能够适应不同的客户端表现。

可视化层（即表现层）则反映了图形用户界面以及所有的显示逻辑，包括森林资源信息管理系统和 iPad 森林资源调查系统，它是应用的客户端部分，由它负责与用户进行交互。

3.2.3.4 数据层设计

由于系统建设的是一个信息调查与信息管理系统，需要森林资源清查业务信息进行组织规划从而进行管理，另外，森林资源清查需要信息之间的逻辑验证，而且这些数据存在于不同格式的数据表中，因此一个重要的任务是将这些数据进行规划整合，作为系统的数据源向上提供数据支持，并对这些数据进行管理。因此数据层包括数据的数据库管理。

（1）数据的内容

从长远的角度来看，数据库主要包括的数据有森林资源信息、数据验证规则、电子地图数据、文件、表、用户数据等。必须在数据库的设计中考虑这类数据存储和管理，从而保证数据库管理系统可以对入库的信息实现统一的管理、更新和维护。

（2）数据的组织

由于森林资源信息每五年调查更新一次，具有时态性，所以数据的组织要充分考虑历史数据的管理。根据数据用途和类型对数据进行分级细化，增强整个数据库的逻辑性，提高数据的访问效率，使用户可以方便地提取各类信息实现不同类型数据的综合查询与分析。

（3）数据的存储机制

针对不同的数据制定不同数据存储机制，对于大部分森林资源清查数据都是以表的方式存储在数据库中；而对于电子地图数据则以文件方式进行组织，这是由于电子地图数据进行瓦片 - 金字塔模式的组织,以文件方式管理更能够提高客户端的访问速度。

3.2.3.5 数据服务设计

数据服务层为客户端提供数据访问服务，数据分析服务提供森林资源数据的分析，数据收集服务是针对异构数据库的现有数据分别提供数据入库转换服务，使现有数据可以顺利入库，并保证数据库的统一性和完整性。地理信息接口服务是为了能够使数据能够顺利加载到地理信息系统中所提供的接口服务，比如对 ArcGIS 的支持等。应用扩展服务是指为不同的业务系统或者其他领域应用系统提供数据应用服务，是外部系统访问数据的通道。通过数据服务层可以将客户端访问与数据层之间建立一个管理缓冲区，对多用户访问进行管理，并且可以有效地控制客户端的访问，避免了将数据层直接暴露给客户端，防止有意或者无意地对数据层造成损害的行为。

3.2.3.6 业务逻辑层设计

业务逻辑层在体系架构中的位置很关键，它处于数据服务层与表示层中间，起到了数据交换中承上启下的作用。由于层与层之间是一种松耦合结构，所以层与层之间的依赖是向下的，底层对于上层而言是“无知”的，改变上层的设计对于其调用的底层而言没有任何影响。如果在分层设计时，遵循了面向接口设计的思想，那么这种向下的依赖也应该是一种弱依赖关系。因而在不改变接口定义的前提下，理想的分层式架构，应该是一个支持可抽取、可替换的“抽屉”式架构。正因为如此，业务逻辑层的设计对于一个支持可扩展的架构尤为关键，因为它扮演了两个不同的角色。对于数据访问层而言，它是调用者；对于表示层而言，它却是被调用者，依赖与被依赖的关系都纠结在业务逻辑层上。通过将系统的业务逻辑进行分析抽取，分别针对业务逻辑以及验证规则等建立业务模型，满足业务功能的需要。

3.2.3.7 可视化层设计

可视化层即系统的表现层，反映了图形用户界面以及所有的显示逻辑，包括森林资源清查数据管理客户端和 iPad 森林资源清查数据采集客户端，由它负责与用户进行交互。在本系统中，表现层采用两种不同的技术平台，一个是 Windows 平台，一个是 iOS 平台，针对不同的平台的表现方式也要有所区别，Windows 平台注重的是管理功能，而 iOS 平台主要是野外数据采集应用，更应该关注用户输入的方便性和可操作性。

3.2.3.8 导航功能设计

iPad（3G 版）提供有定位功能模块，可以很容易获得位置信息，导航功能的重点就是如何加载电子地图，并在地图上实现导航功能。

为了实现快速导航功能，需要将电子地图数据事先切片处理，这通过切图（即地图分块）技术快速构建金字塔模型瓦片地图库获得。首先，将浏览器地图容器分割成尺寸为 256×256 像素大小的若干正方形地图方块，每个地图方块都处在该地图容器的地理环境中，即拥有一定的具体参数：如缩放级别、投影类型和地理坐标，通过算法由地图渲染引擎根据这些参数分别向服务器请求地图图片来填充。并且，由地图渲染引擎负责这些地图方块的无缝拼接、整体移动和地图填充。当用户作出一定的地图动作时（如平移、放大、缩小），地图渲染引擎根据一定的算法计算出需要新加载的小块地图，并异步多线程的向服务器发出请求。最后，当地图贴片传回用户端时，再由地图渲染引擎无刷新的无缝拼接成用户浏览器界面中的大地图。并且，利用浏览器缓存，如果已经取得该小块地图，下次使用时则不用向服务器再次请求，直接利用缓存中的图片就可。

以地图漫游为例具体说明。用户可以用鼠标拖拽地图来进行地图漫游，地图引擎控制各个地图方块作为整体随着鼠标拖拽方向而移动，如果移动得足够远，要显示一些新的区域时，这些区域的小块地图图片将会异步加载。在地图的更新过程中，用户可以继续移动地图进行漫游，触发更多的更新。这些小块的地图在用户的会话过程中会被浏览器缓存起来，这使得当回到以前曾经访问过的地图时，显示速度非常快。

分块的大小，并没有一般性标准可循，可以按任意规则分块，但在应用中则不得不考虑某些实际问题，比如方便程度、效率、磁盘读/写等。一幅图像分块的多少对显示速度有直接的影响，块数一般根据具体情况和多次试验取经验值。

地图贴片可由矢量地图或栅格地图切割而成。切割的依据参数有：投影类型、地理坐标、缩放级别（比例尺）、地图贴片像素大小等。如下图所示。

地图切割程序根据投影类型、地理坐标、缩放级别（比例尺）、地图贴片像素大小等参数，根据一定的算法，生成栅格（PNG、GIF、JPEG）形式的地图贴片，并用缩放级别、x 坐标和 y 坐标在名称中以示区别。

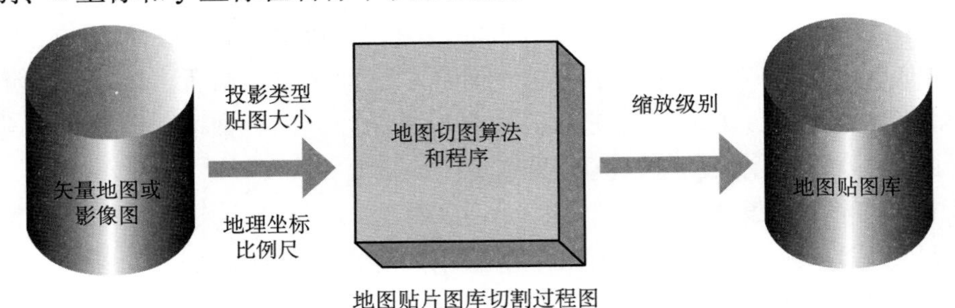

地图贴片图库切割过程图

3.2.4 功能设计

3.2.4.1 iPad 端数据采集系统总体功能

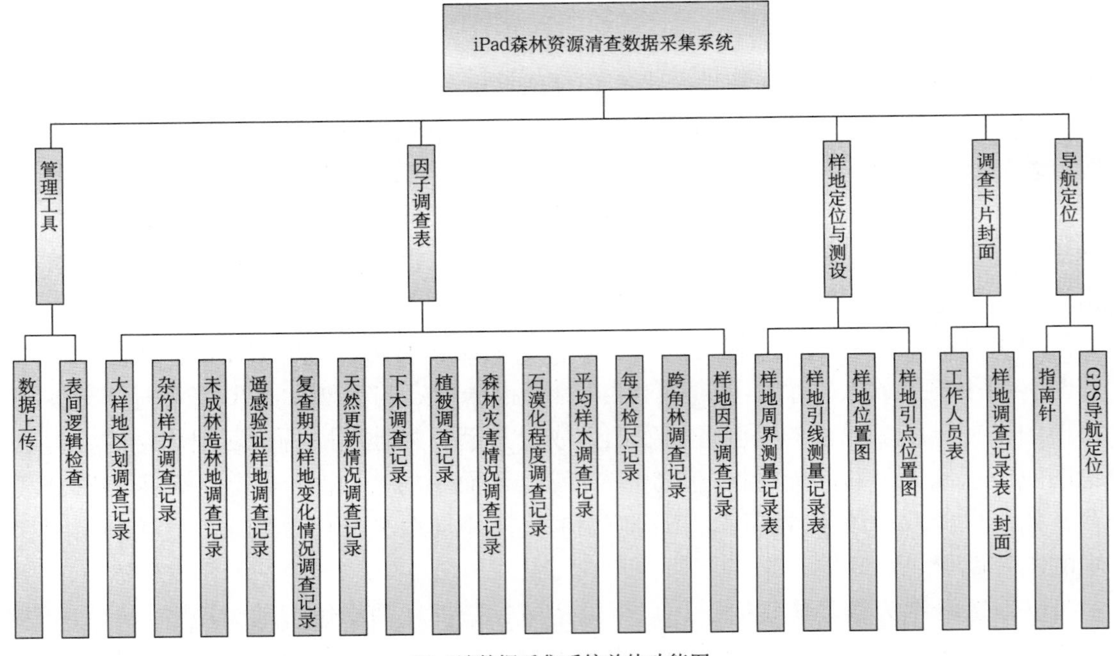

iPad端数据采集系统总体功能图

3.2.4.2 数据管理系统总体功能

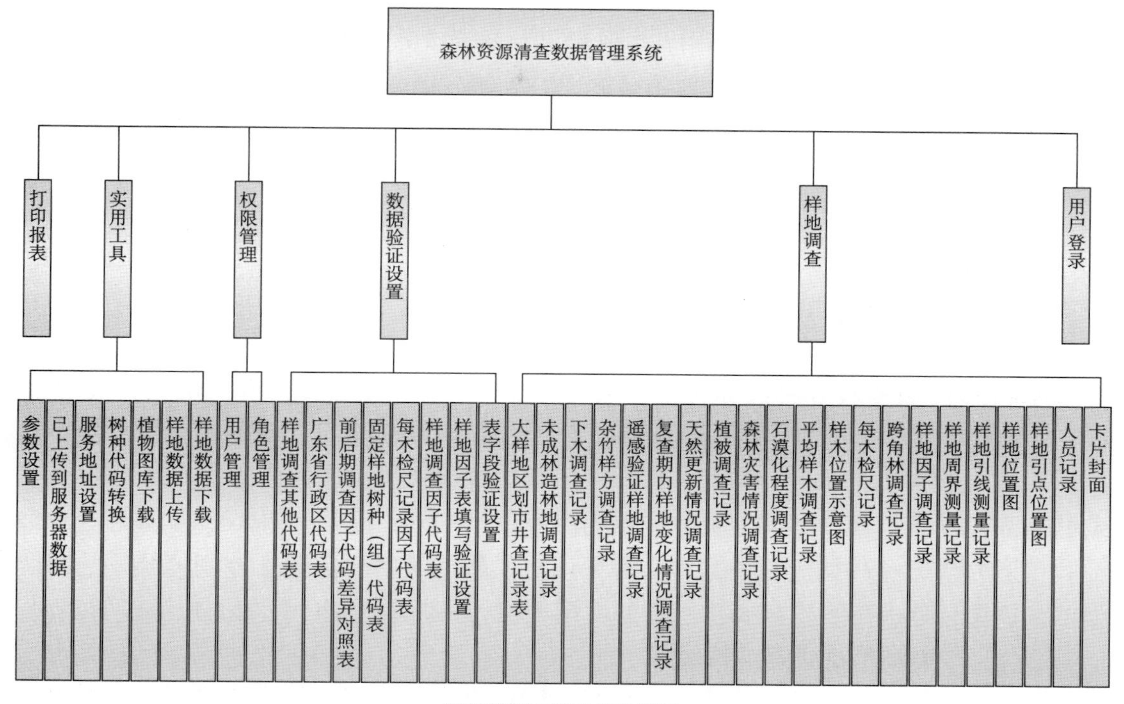

数据管理系统总体功能图

3.2.4.3 数据采集客户端功能模块

本系统采用的是 MVC 开发模式、Apple iOS 应用程序。下面是 MVC 模式开发示意图。

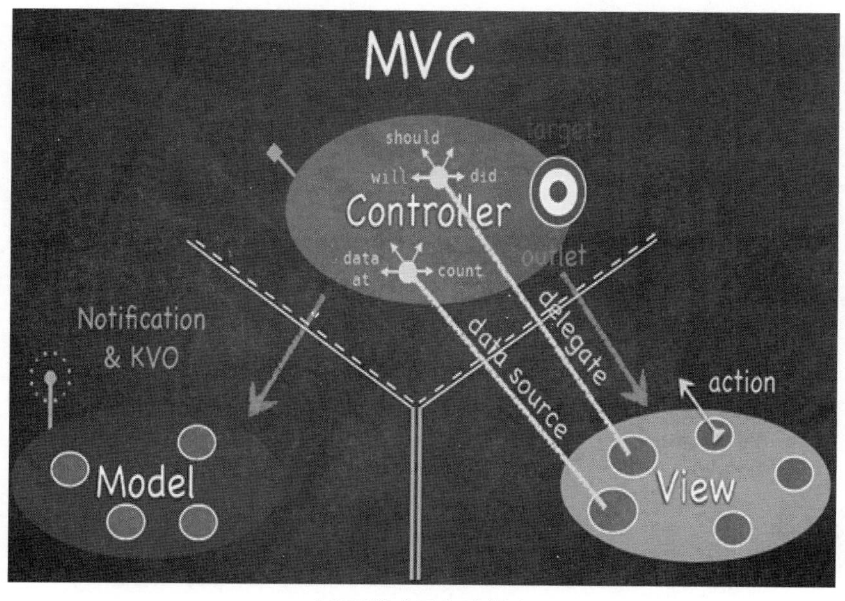

MVC模式开发示意图

MVC 将屏幕对象的外观和行为分开。屏幕按钮没有任何内在含义，只是用户可以操作的按钮。按钮称为视图，它的控制器充当桥梁，将用户交互与应用程序中的目标方法联系在一起。应用程序展现和保存有意义的数据，并通过生成某种有用的结果来响应按钮操作等交互。

视图组件是由 UIView 类的子类及与其相关的 UIViewController 类提供。iPhone 在构建视图时，以这两个类为基础。它们负载定义和放置屏幕元素。UIViewController 类不是 MVC 概念中的控制器，这点和名称略有出入，可以理解成这是控制视图的一个类。它负载对屏幕中各项进行布局。每个 UIViewController 子类都实现了自己的 loadView 方法。该方法对控制器的子视图进行布局，并建立所有的触发、回调和委托。从这个角度看，它也算一个控制器。

控制器行为通过 3 种技术实现：委托、目标操作和通知。委托用来移交某些 UIKit 类响应用户交互的责任。目标操作是重定向用户交互的一种较低级的方式。基本上只有在实现 UIControl 类的子类时，会经常遇到它们。通知支持应用程序中的对象的交互，以及与 iOS 系统上其他应用程序通信。

模型方法通过数据源和数据含义等协议提供数据，需要实现由控制器触发的回调方法。需要创建应用程序控制器触发的回调方法，并提供所需的任何委托协议的实现。

3.2.4.4 数据管理客户端功能模块

本系统的采用的是 C/S 的结构，是 Windows 应用程序，具体模块说明如下所示：

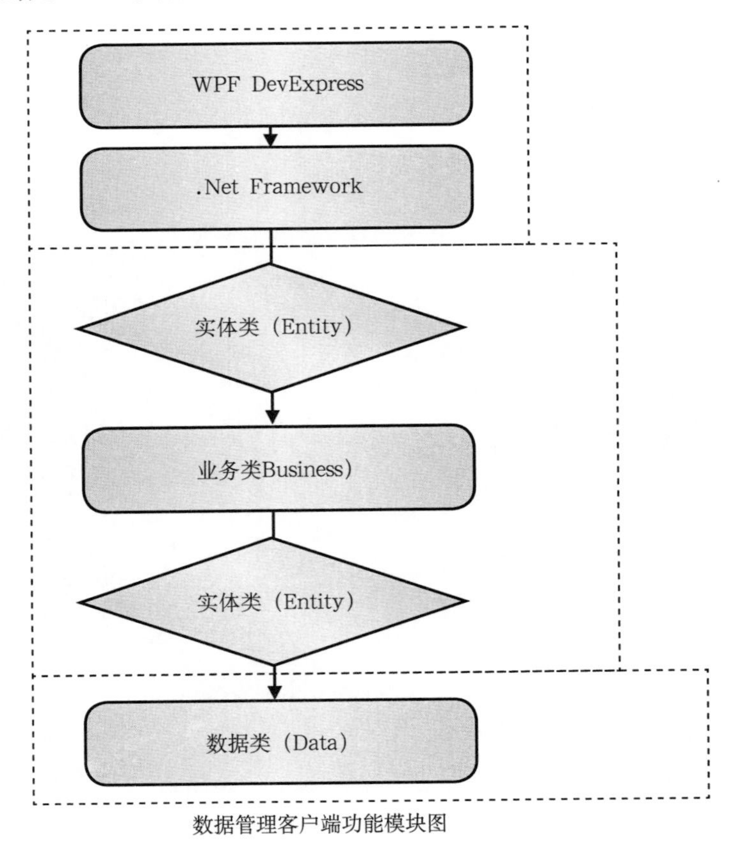

数据管理客户端功能模块图

图上箭头是以调用关系为指向的。

系统采用 C/S 结构，分为三层，分别是外观层（表现层）、业务规则层（业务层）、数据层。外观层负责为用户提供一个交互的接口（输入和输出），主要有用户的输入，点击等事件请求。业务规则层是负责业务逻辑的处理。数据层是负责对数据源的访问，返回最初始的数据供业务层处理。

界面模块：完成页面展现和处理用户交互，用户通过此模块输入请求，查看请求结果。页面展现和异步交互都采用 Ext 脚本库。

Net Framework：应用程序运行的框架。

Entity 模块：按功能需求封装传输的数据结构，整个系统内部传输的数据结构（不管是请求条件、中间变量，还是输出的结果）都封装在此类，并且处理单个实体类的业务逻辑。

Business 模块：接收来自简单处理程序的请求条件，根据条件调用数据层请求原始数据，根据相应的业务逻辑处理原始数据，输出请求结果。

Data 模块：数据的存取（包括日志的存储），根据用户请求直接操作数据库，返回结果供 Business 模块处理。

3.3 业务流程设计

3.3.1 数据采集客户端业务流程设计

3.3.1.1 样地数据编辑流程

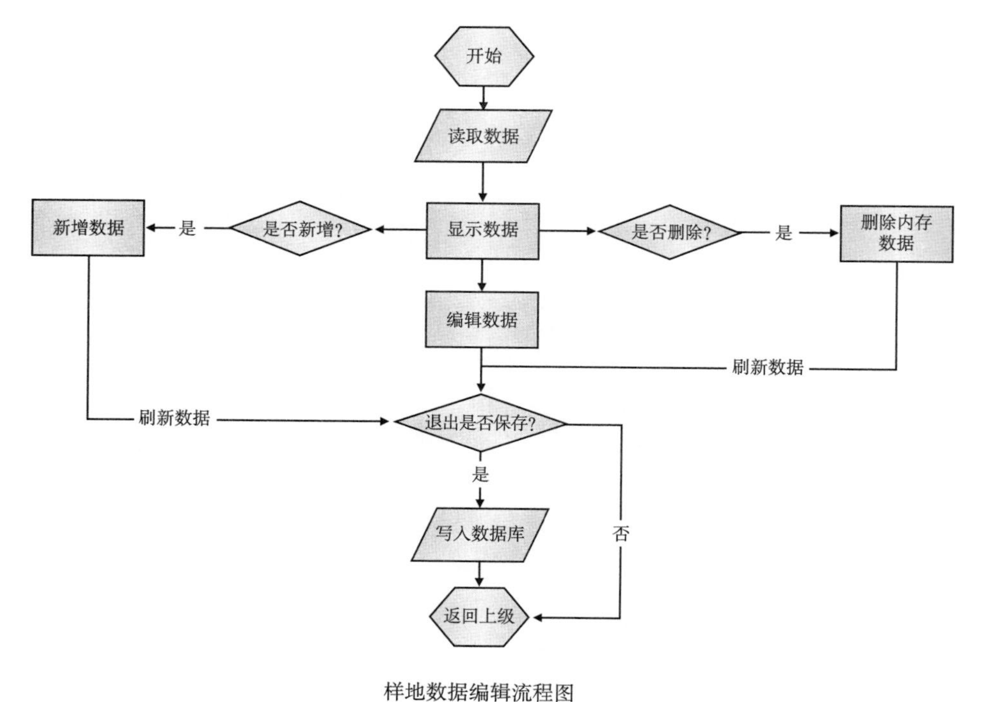

样地数据编辑流程图

3.3.1.2 GPS导航定位流程

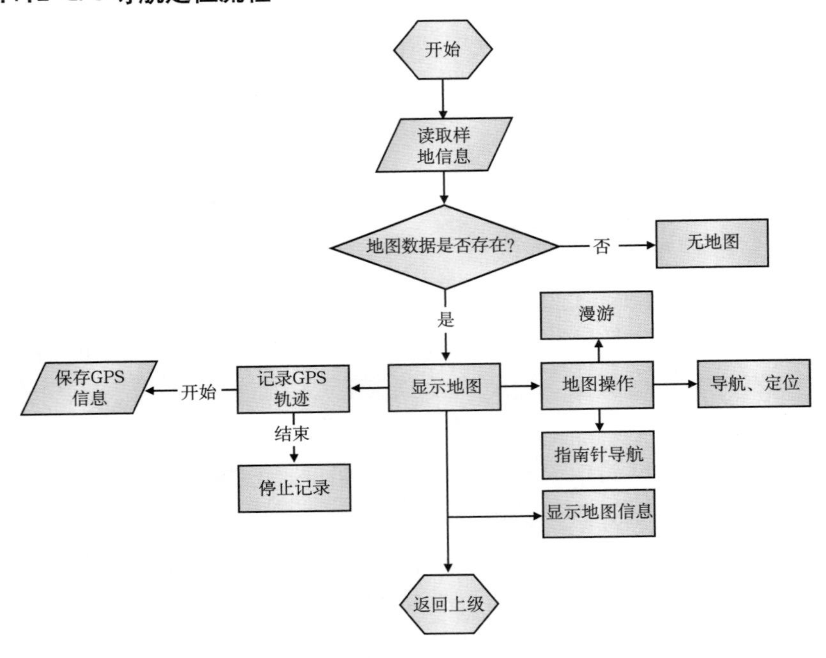

GPS导航定位流程图

3.3.1.3 指南针流程

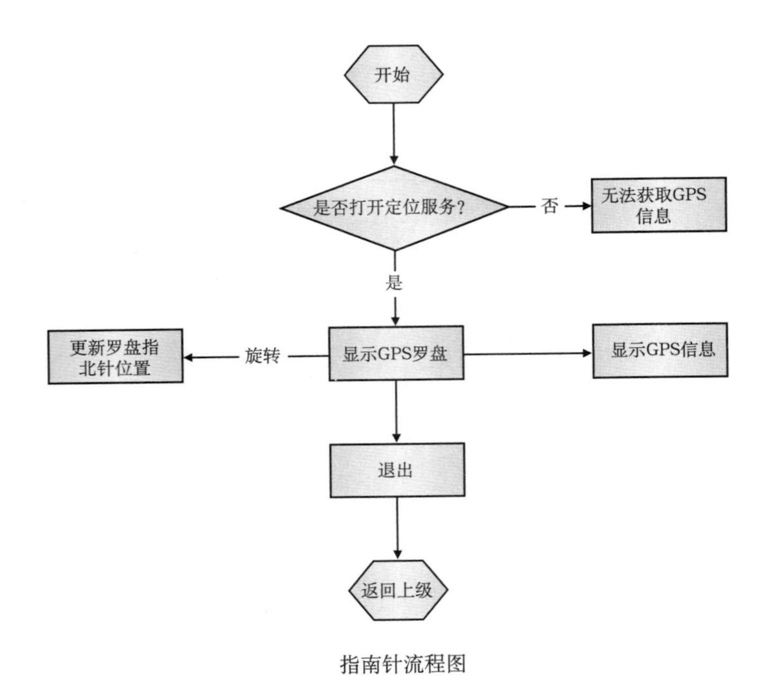

指南针流程图

3.3.1.4 工作人员表输入信息自动保存流程

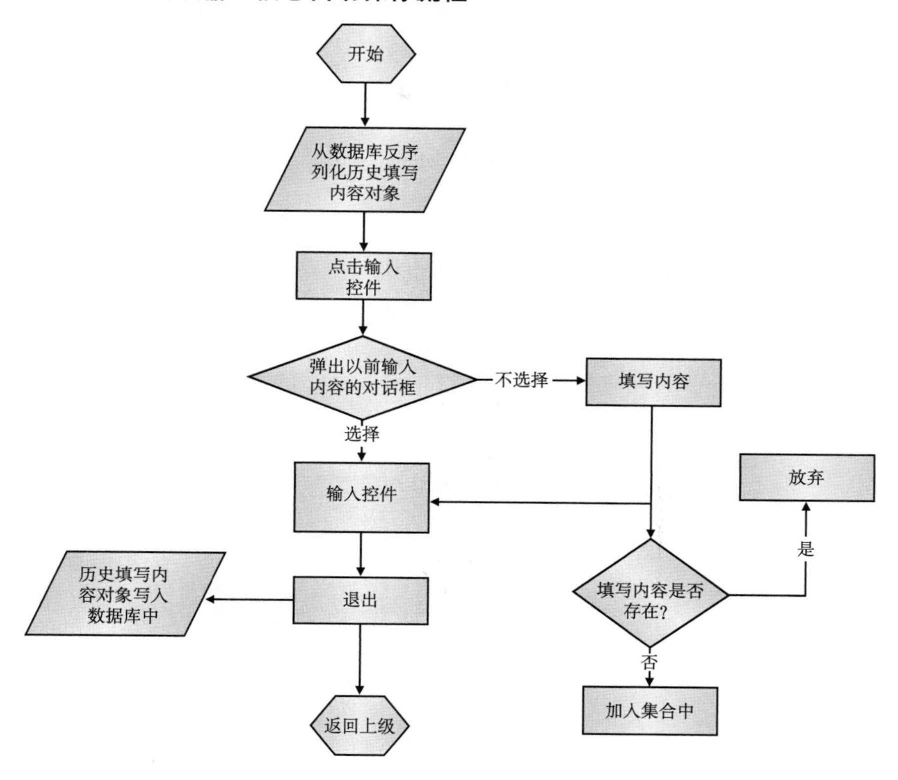

工作人员表输入信息自动保存流程图

3.3.1.5 手绘流程

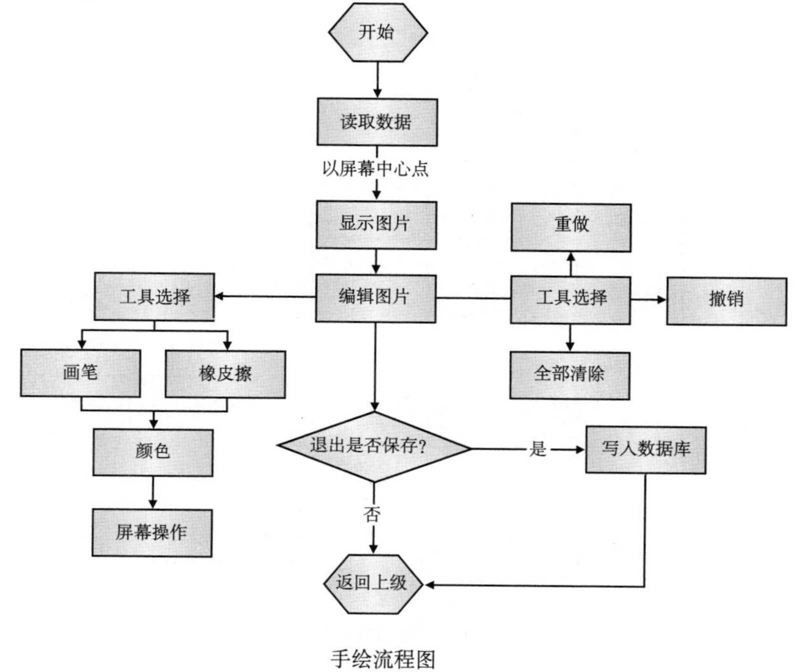

手绘流程图

3.3.1.6 拍照流程

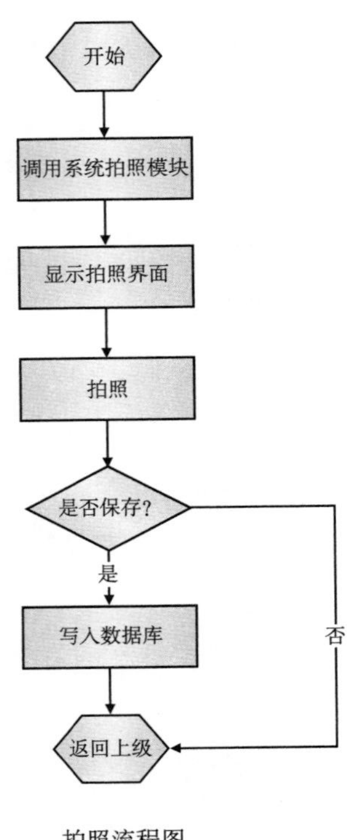

拍照流程图

3.3.1.7 输入内容验证流程

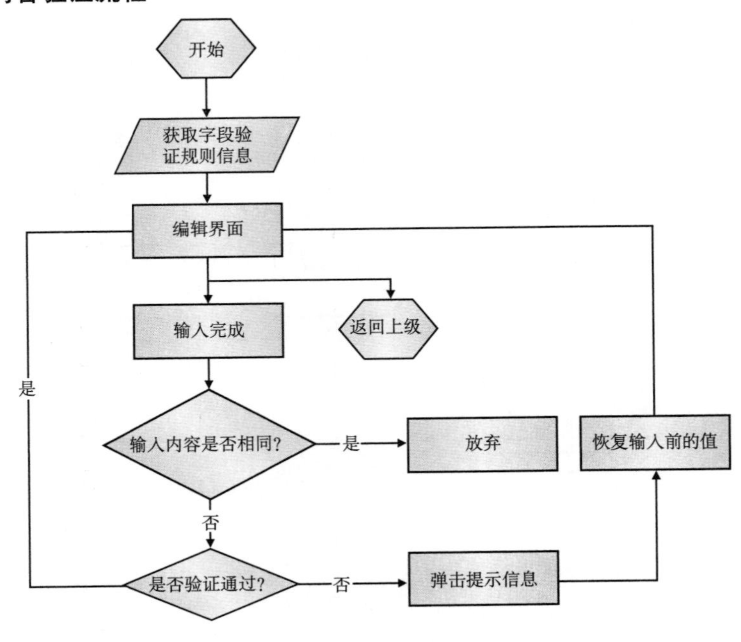

输入内容验证流程图

3.3.1.8 逻辑检查流程

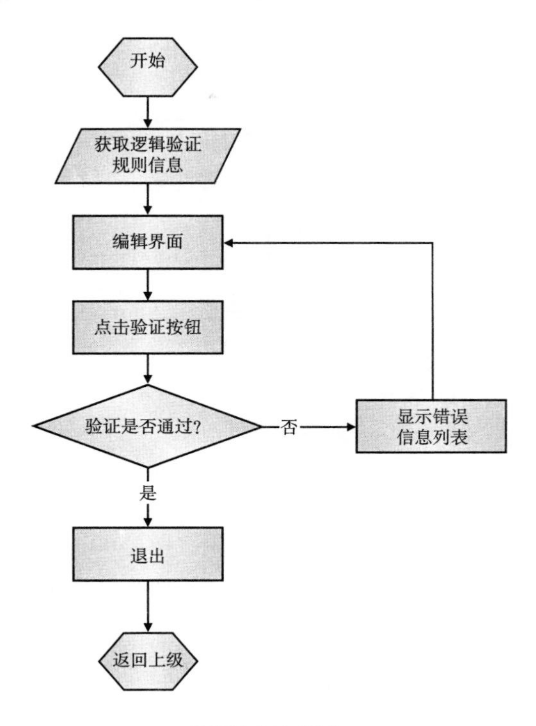

逻辑检查流程图

3.3.1.9 弹出 PopUp 流程

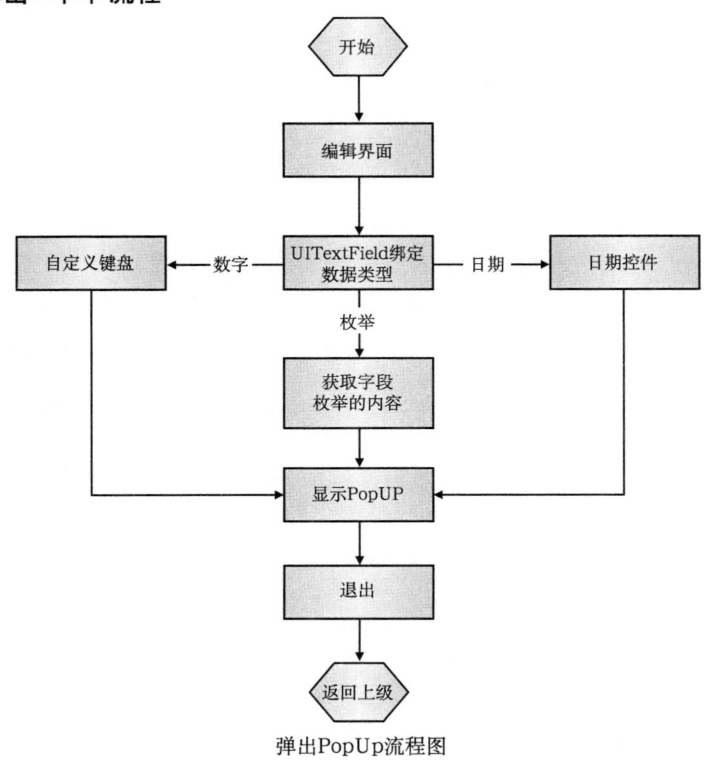

弹出PopUp流程图

3.3.1.10 实时显示样木位置图流程

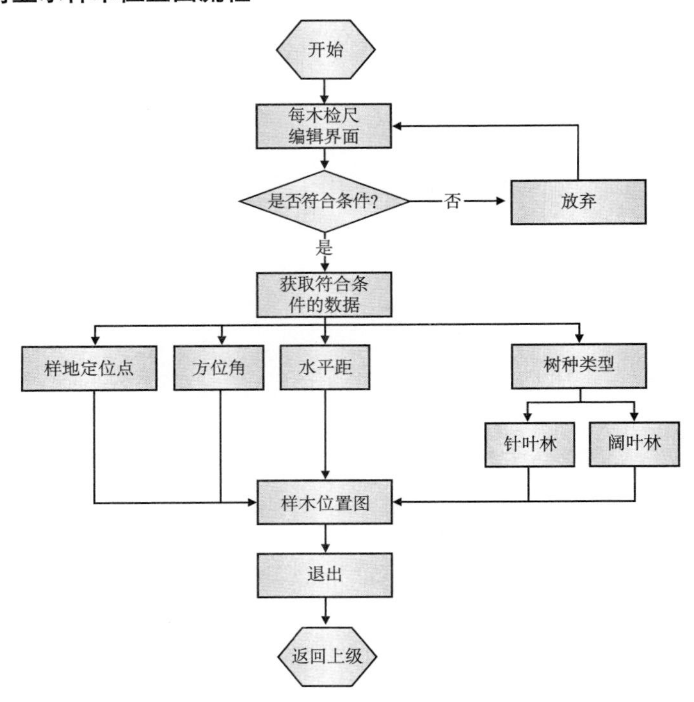

实时显示样木位置图流程图

3.3.1.11 计算平均胸径、优势树种流程

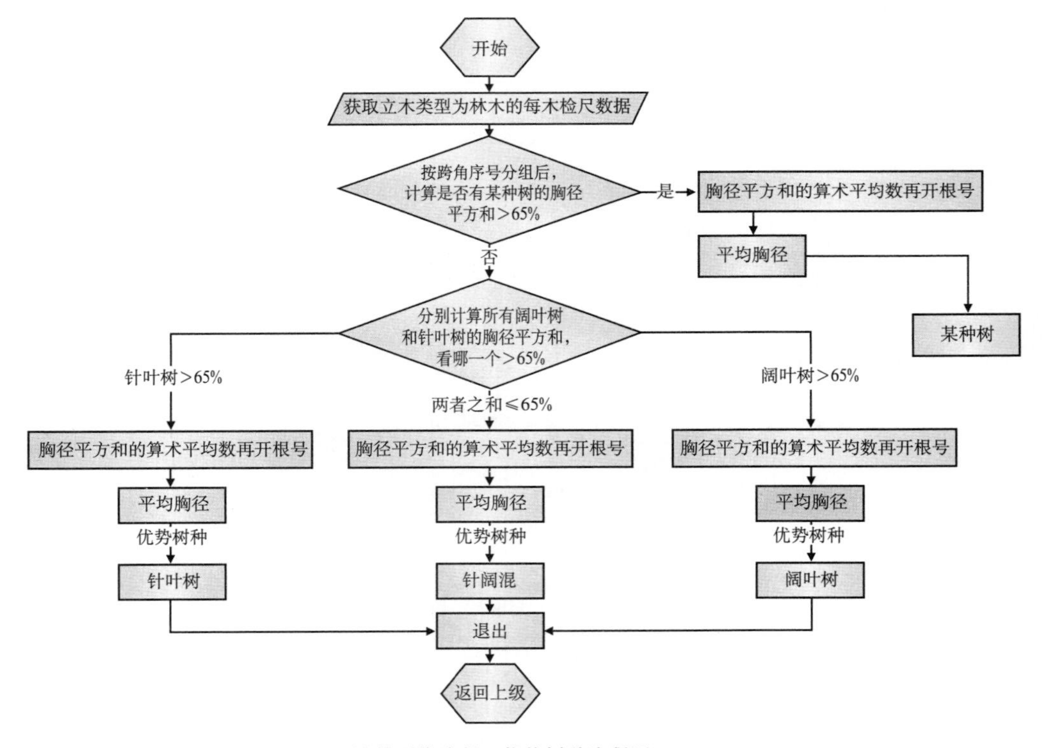

计算平均胸径、优势树种流程图

3.3.1.12 数据上传流程

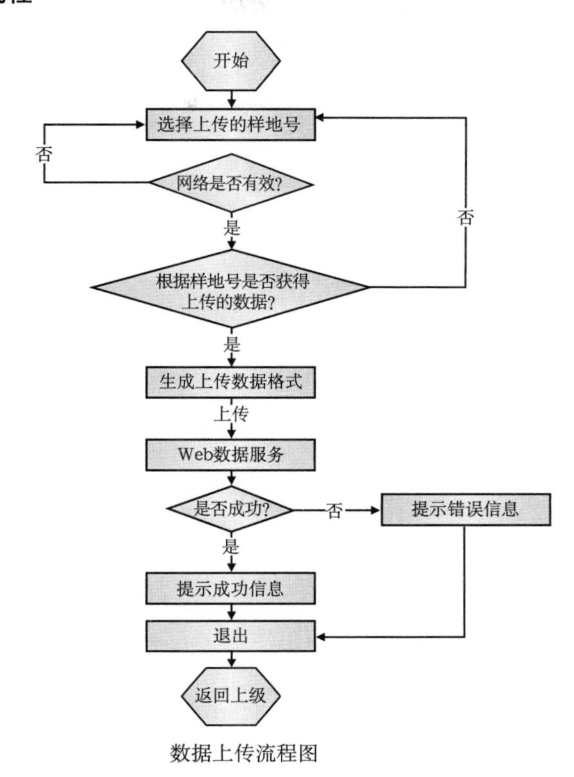

数据上传流程图

3.3.2 数据管理客户端业务流程设计

3.3.2.1 样地调查数据编辑流程

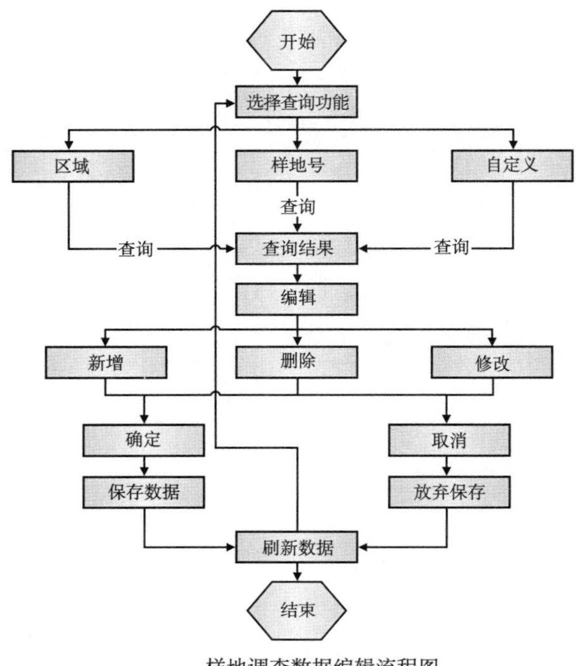

样地调查数据编辑流程图

3.3.2.2 表字段验证设置流程

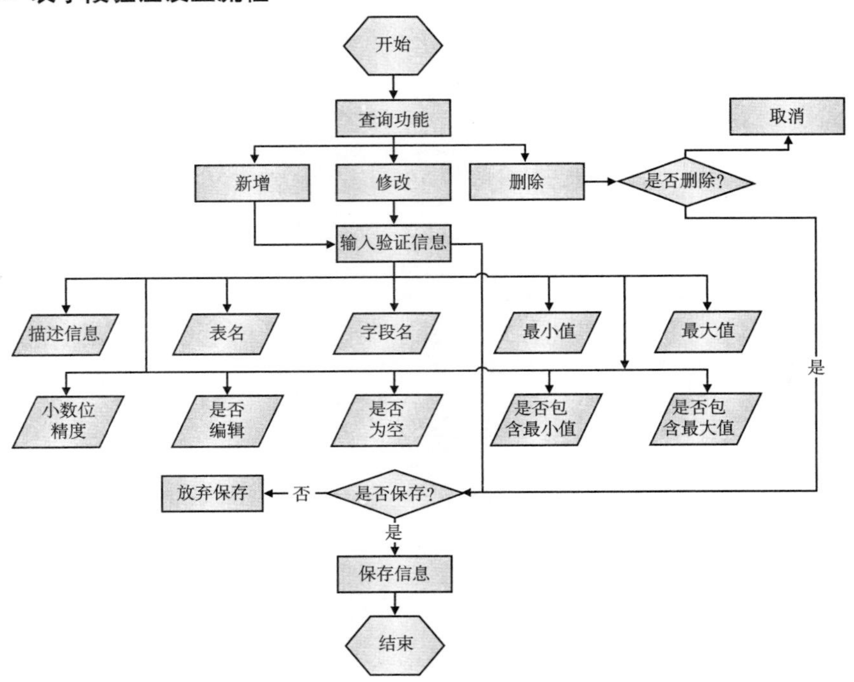

表字段验证设置流程图

3.3.2.3 样地因子表填写验证流程

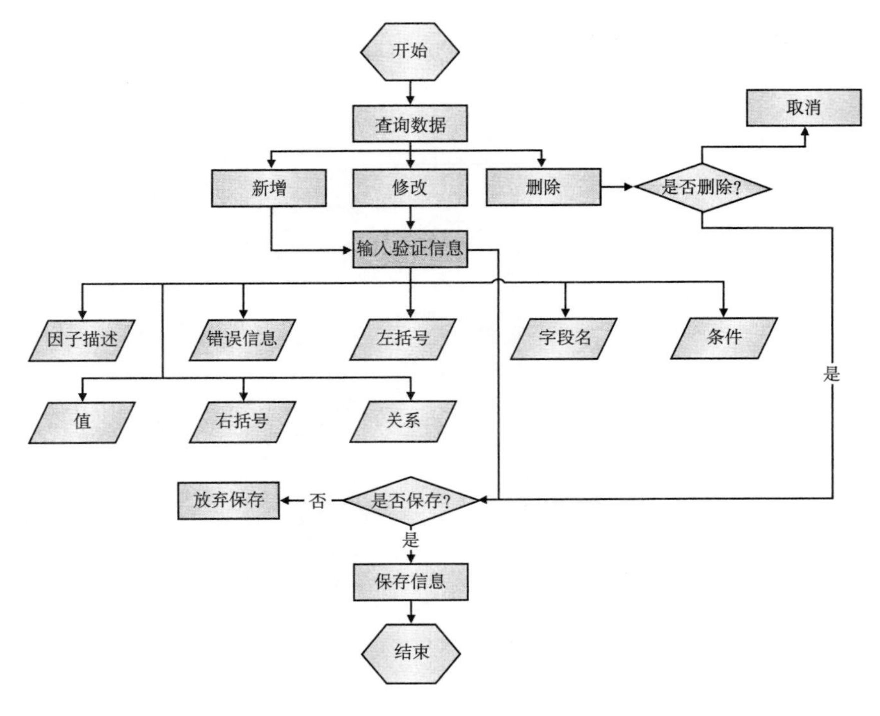

样地因子表填写验证流程图

3.3.2.4 权限管理流程

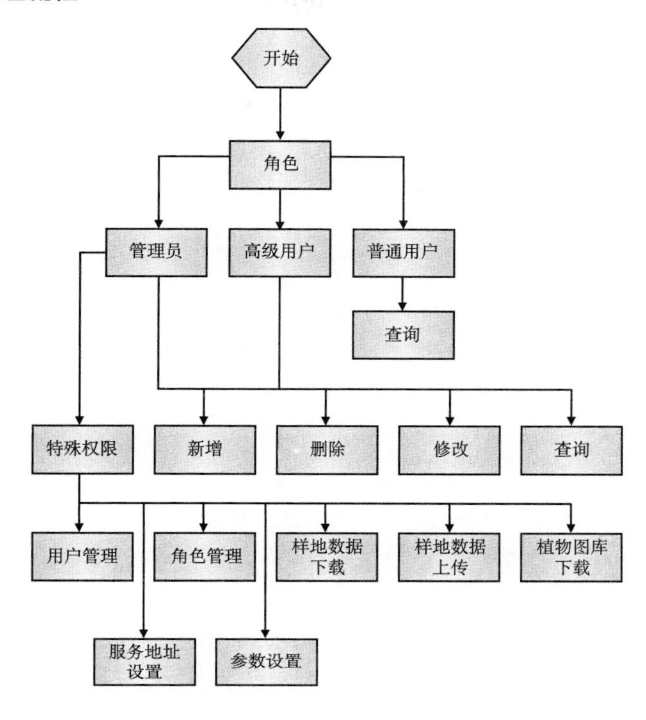

权限管理流程图

3.3.2.5 样地数据下载流程

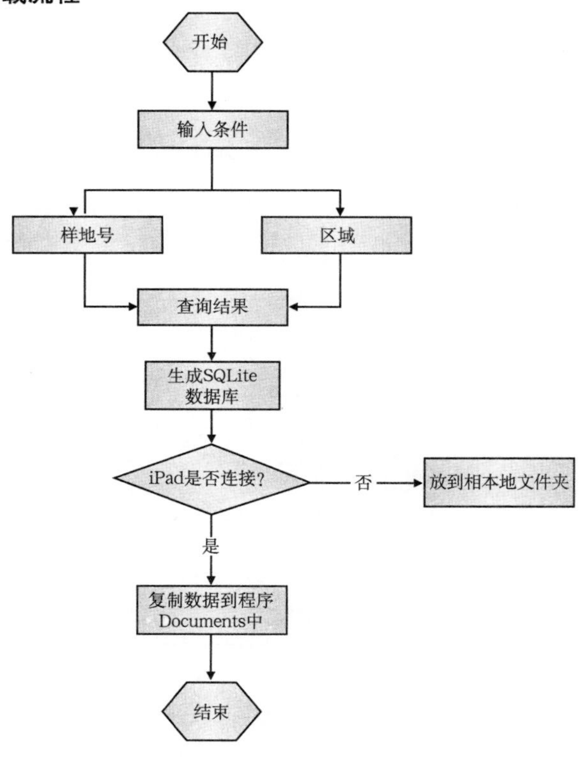

样地数据下载流程图

3.3.2.6 植物图库下载流程图

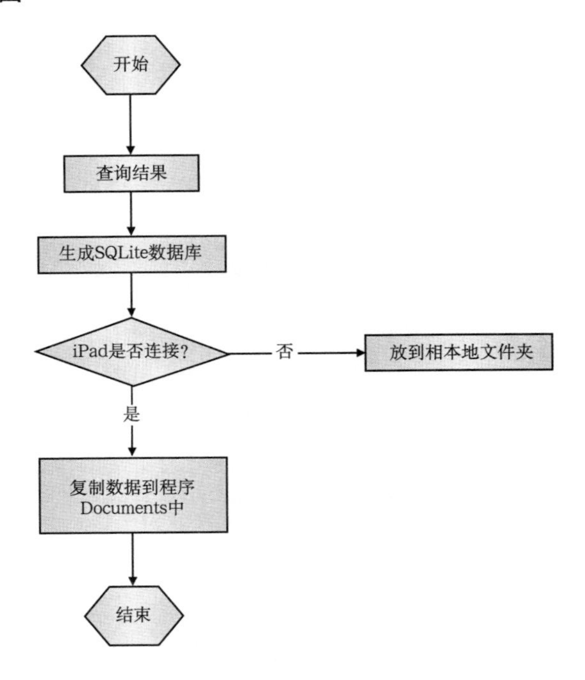

植物图库下载流程图

3.3.2.7 样地数据上传流程图

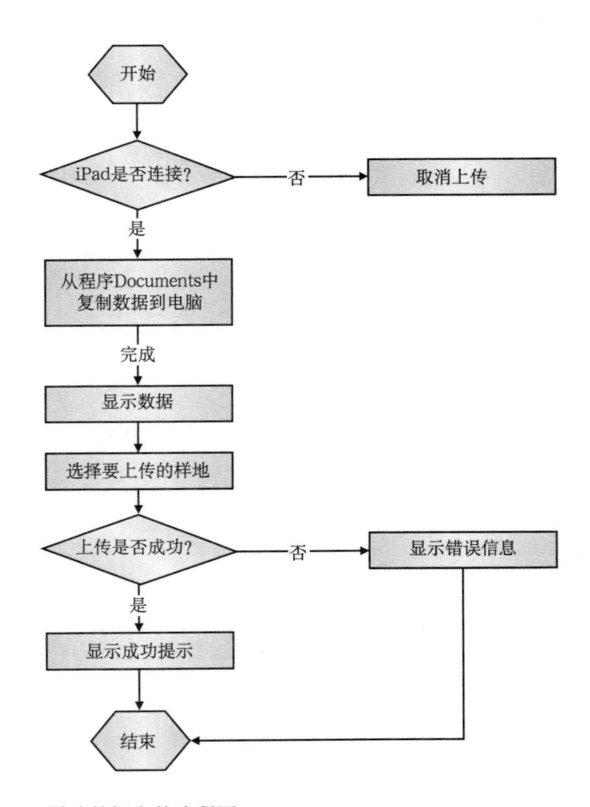

样地数据上传流程图

3.3.2.8 报表打印流程

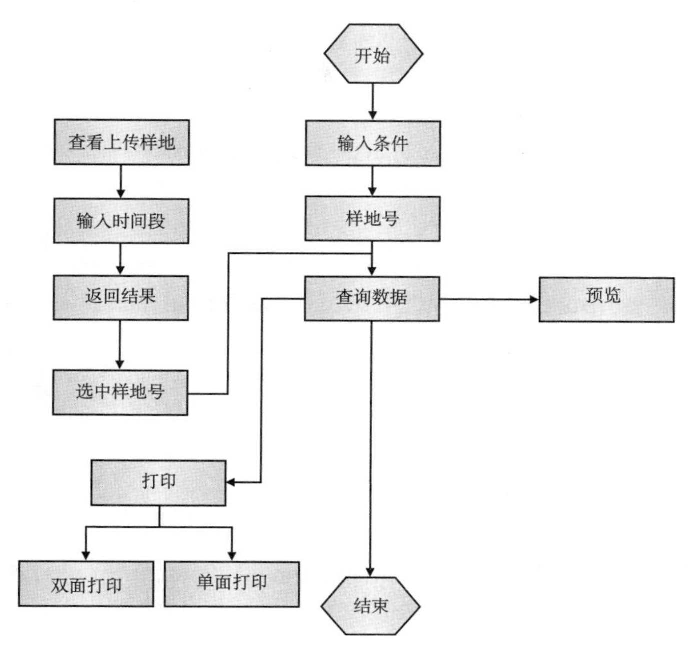

报表打印流程图

3.3.3 数据服务功能流程设计

森林资源数据服务用于外业工作人员，通过 Wi-Fi 或 3G 网络上传森林资源调查数据到中心服务器。

3.4 系统实现

下面列出少量关键代码，简要说明系统实现，以供参考。

3.4.1 系统框架

```
-(NSString *)tableView:(UITableView *)tableView titleForHeaderInSection:(NSInteger)section
{
    if (section == 0) return @" 导航定位 ";
    if (section == 1) return @" 调查卡片封面 ";
    if (section == 2) return @" 样地定位与测设 ";
    if (section == 3) return @" 因子调查表 ";
    if (section == 4) return @" 管理工具 ";
    return @"";
}
```

```
-(UITableViewCell *)tableView:(UITableView *)tableView cellForRowAtIndexPath:(N
SIndexPath *)indexPath{
    NSString *cellIdentfier = @"taleListCell";
    NSInteger section = indexPath.section;
    NSInteger row = indexPath.row;
    UITableViewCell *cell = [tableView dequeueReusableCellWithIdentifier:cellIdentfie
r];
    if(cell == nil)
    {
      [[NSBundle mainBundle] loadNibNamed:@"tableListCell" owner:self options:nil];
      cell = tableListCell;
      self.tableListCell = nil;
    }
    // 导航定位
    if(section == 0 && row == 0)
    {
      UIImage *backGroundImage= [UIImage imageNamed:@"pointer20.png"];
      tableListImage.image = backGroundImage;
      tableListLabel.text = @ "GPS 导航定位 ";
      return cell;
    }
    if(section == 0 && row == 1)
    {
      UIImage *backGroundImage= [UIImage imageNamed:@"compass20.png"];
      tableListImage.image = backGroundImage;
      tableListLabel.text = @ " 指南针 ";
      return cell;
    }
    // 调查卡片封面
    if (section == 1 && row == 0)
    {
      tableListLabel.text = @" 样地调查记录表封面 ";
      UIImage *backGroundImage = [UIImage imageNamed:@"folder_orange20.png"];
      tableListImage.image = backGroundImage;
      return cell;
    }
    if(section == 1 && row == 1)
    {
      UIImage *backGroundImage= [UIImage imageNamed:@"users20.png"];
```

```
    tableListImage.image = backGroundImage;
    tableListLabel.text = @ " 工作人员表 ";
    return cell;
}
// 样地定位与测设
if(section == 2 && row == 0)
{
    UIImage *backGroundImage= [UIImage imageNamed:@"pointer20.png"];
    tableListImage.image = backGroundImage;
    tableListLabel.text = @ " 样地引点位置图 ";
    return cell;
}
if(section ==2 && row == 1)
{
    tableListLabel.text = @" 样地位置图 ";
    UIImage *backGroundImage= [UIImage imageNamed:@"pointer20.png"];
    tableListImage.image = backGroundImage;
    return cell;
}
if(section ==2 && row == 2)
{
    tableListLabel.text = @" 样地引线测量记录表 ";
    UIImage *backGroundImage= [UIImage imageNamed:@"folder_dwg20.png"];
    tableListImage.image = backGroundImage;
    return cell;
}
if(section ==2 && row == 3)
{
    UIImage *backGroundImage= [UIImage imageNamed:@"folder_dwg20.png"];
    tableListImage.image = backGroundImage;
    tableListLabel.text = @" 样地周界测量记录表 ";
    return  cell;
}
// 因子调查表
if(section == 3 && row == 0)
{
     UIImage *backGroundImage= [UIImage imageNamed:@"folder_applegreen20.
```

```
png"];
            tableListImage.image = backGroundImage;
            tableListLabel.text = @" 二、样地因子调查记录 ";
            return  cell;
        }
        if(section == 3 && row == 1)
        {
            UIImage *backGroundImage= [UIImage imageNamed:@"folder_applegreen20.
png"];
            tableListImage.image = backGroundImage;
            tableListLabel.text = @" 三、跨角林调查记录 ";
            return  cell;
        }
        if (section == 3 && row == 2)
        {
            UIImage *backGroundImage= [UIImage imageNamed:@"folder_applegreen20.
png"];
            tableListImage.image = backGroundImage;
            tableListLabel.text = @" 四、每木检尺记录 ";
            return  cell;
        }
        if (section == 3 && row == 3)
        {
            UIImage *backGroundImage= [UIImage imageNamed:@"folder_applegreen20.
png"];
            tableListImage.image = backGroundImage;
            tableListLabel.text = @" 六、平均样木调查记录 ";
            return  cell;
        }
        if(section == 3 && row == 4)
        {
            UIImage *backGroundImage= [UIImage imageNamed:@"folder_applegreen20.
png"];
            tableListImage.image = backGroundImage;
            tableListLabel.text = @" 七、石漠化程度调查记录 ";
            return  cell;
        }
```

```
        if(section == 3 && row == 5)
        {
            UIImage *backGroundImage= [UIImage imageNamed:@"folder_applegreen20.
png"];
          tableListImage.image = backGroundImage;
          tableListLabel.text = @" 八、森林灾害情况调查记录 ";
          return  cell;
        }
        if(section == 3 && row == 6)
        {
            UIImage *backGroundImage= [UIImage imageNamed:@"folder_applegreen20.
png"];
          tableListImage.image = backGroundImage;
          tableListLabel.text = @" 九、植被调查记录 ";
          return  cell;
        }
        if(section == 3 && row == 7)
        {
            UIImage *backGroundImage= [UIImage imageNamed:@"folder_applegreen20.
png"];
          tableListImage.image = backGroundImage;
          tableListLabel.text = @" 十、下木调查记录 ";
          return  cell;
        }
        if(section == 3 && row == 8)
        {
            UIImage *backGroundImage= [UIImage imageNamed:@"folder_applegreen20.
png"];
          tableListImage.image = backGroundImage;
          tableListLabel.text = @" 十一、天然更新情况调查记录 ";
          return  cell;
        }
        if(section == 3 && row == 9)
        {
            UIImage *backGroundImage= [UIImage imageNamed:@"folder_applegreen20.
png"];
          tableListImage.image = backGroundImage;
```

```
        tableListLabel.text = @" 十二、复查期内样地变化情况调查记录 ";
        return cell;
    }
    if(section == 3 && row == 10)
    {
        UIImage *backGroundImage= [UIImage imageNamed:@"folder_applegreen20.
png"];
        tableListImage.image = backGroundImage;
        tableListLabel.text = @" 十三、遥感验证样地调查记录 ";
        return cell;
    }
    if (section == 3 && row == 11)
    {
        UIImage *backGroundImage= [UIImage imageNamed:@"folder_applegreen20.
png"];
        tableListImage.image = backGroundImage;
        tableListLabel.text = @" 十四、未成林造林地调查记录 ";
        return cell;
    }
    if (section == 3 && row == 12)
    {
        UIImage *backGroundImage= [UIImage imageNamed:@"folder_applegreen20.
png"];
        tableListImage.image = backGroundImage;
        tableListLabel.text = @" 十五、杂竹样方调查记录 ";
        return cell;
    }
    if (section == 3 && row == 13)
    {
        UIImage *backGroundImage= [UIImage imageNamed:@"folder_applegreen20.
png"];
        tableListImage.image = backGroundImage;
        tableListLabel.text = @" 十六、大样地区划调查记录 ";
        return cell;
    }
    if (section == 4 && row == 0)
    {
```

```
        UIImage *backGroundImage= [UIImage imageNamed:@"dbUpload20.png"];
        tableListImage.image = backGroundImage;
        tableListLabel.text = @" 表间逻辑检查 ";
        return  cell;
    }
    if (section == 4 && row == 1)
    {
        UIImage *backGroundImage= [UIImage imageNamed:@"dbUpload20.png"];
        tableListImage.image = backGroundImage;
        tableListLabel.text = @" 数据上传 ";
        return  cell;
    }
    return loadingTableCell;
}
```

3.4.2 导航定位

```
-(void) loadMap
{
    NSError* err;
      NSString * currentMapServicesFolder = [self.currentMapServices
stringByAppendingString:@"/ 图层 /"];
    NSString * mapDictionary = @" 地图 /";
    currentMapServicesFolder = [mapDictionary stringByAppendingString:currentMapS
ervicesFolder];
    if (tiledLyr)
    {
        [tiledLyr release];
        tiledLyr = nil;
    }
    tiledLyr = [[OfflineTiledLayer alloc] initWithDataFramePath:currentMapServicesFol
der error:&err];
    if(tiledLyr!=nil)
    {
        [self.mapView reset];
            UIView<AGSLayerView>* lyrView =  [ s e l f . m a p V i e w
addMapLayer:tiledLyr withName:self.currentMapServices];
            lyrView.drawDuringPanning = YES;
```

```
lyrView.drawDuringZooming = YES;
NSString * mapServicesButtonText = @" 当前地图 ：";
mapServicesButtonText = [mapServicesButtonText stringByAppendingString:self.currentMapServices];
mapServicesButtonText = [mapServicesButtonText stringByAppendingString:@" >>"];
[mapServicesButton setTitle:mapServicesButtonText forState:UIControlStateNormal];
}
else
{
NSLog(@"Error encountered: %@", err);
NSString * mapServicesButtonText = @" 当前地图 ：";
mapServicesButtonText = [mapServicesButtonText stringByAppendingString:@" 没有可用地图 "];
[mapServicesButton setTitle:mapServicesButtonText forState:UIControlStateNormal];
}
self.PointGraphicsLayer = [AGSGraphicsLayer graphicsLayer];
[self createPlotPointGraphics];
[self.mapView addMapLayer:self.PointGraphicsLayer withName:@"SampleGraphics"];
if (!self.gpsSketchLayer)
{
self.gpsSketchLayer = [[[AGSSketchGraphicsLayer alloc] initWithGeometry:nil] autorelease];
[self.mapView addMapLayer:self.gpsSketchLayer withName:@"PlotNavigation"];
self.gpsSketchLayer.geometry = [[[AGSMutablePolyline alloc] initWithSpatialReference:self.mapView.spatialReference] autorelease];
self.gpsSketchLayer.midVertexSymbol = nil;
}
}
- (void)queryGPSPostion
{
sampleFactorInfos = [[SampleFactorInfos alloc] initWithPlotID:self.plotID tableName:@"samplePlotData"];
infoDatas = [sampleFactorInfos queryDatas];
```

```
        if ([infoDatas count] > 0)
        {
          SampleFactorInfo *info = [infoDatas objectAtIndex:0];
          gps_abscissa = [(NSNumber *)[info getCellAtName:@"gps_abscissa"].actualValue
intValue];
          gps_ordinate = [(NSNumber *)[info getCellAtName:@"gps_ordinate"].actualValue
intValue];
          countyCode = (NSString *)[info getCellAtName:@"county_code"].actualValue;
           countyName = [[sampleFactorInfos  getHTFieldDescWithFieldName:@"county_
code"] getFactorNameString:countyCode];
        }
        else
        {
          gps_abscissa = 0;
          gps_ordinate = 0;
        }
     }
     -(void)queryArcGISCache
     {
        NSError *error = nil;
     subpathsOfDirectoryAtPath:DOCUMENTS_FOLDER error:&error];
     withIntermediateDirectories:YES attributes:nil error:&error];
          NSArray *fileList = [[NSFileManager defaultManager]
contentsOfDirectoryAtPath:MAP_FOLDER error: &error];
        NSInteger indexOfCountyName = [fileList indexOfObject:countyName];
        if (indexOfCountyName != NSNotFound)
        {
          self.currentMapServices = countyName;
          return;
        }
        else
        {
          for (int i=0;i < [fileList count];i++)
          {
               NSString * currentMapServicesFolder = [[fileList objectAtIndex:i]
stringByAppendingString:@"/ 图层 /"];
             NSString * mapDictionary = @" 地图 /";
```

```
            currentMapServicesFolder = [mapDictionary stringByAppendingString:current
MapServicesFolder];
            OfflineTiledLayer* tiledLyrTest = [[OfflineTiledLayer alloc] initWithDataFrame
Path:currentMapServicesFolder error:&error];
            if(wgs84_lon <=tiledLyrTest.fullEnvelope.xmax && wgs84_lon >= tiledLyrTest.
fullEnvelope.xmin && wgs84_lat <= tiledLyrTest.fullEnvelope.ymax && wgs84_lat >=
tiledLyrTest.fullEnvelope.ymin){
                self.currentMapServices = [fileList objectAtIndex:i];
                return;
            }
            [tiledLyrTest release];
        }
    }
    self.currentMapServices = [fileList  objectAtIndex:0];
    return;
}
-(void) computeWgs84Coordinate
{
    Point3d destWgs84,destBeijing54;
    destBeijing54.X = gps_abscissa;
    destBeijing54.Y = gps_ordinate;
    destBeijing54.Z = 0;
    NSInteger destCenterLon = floor(gps_abscissa / 1000000) * 6 - 3;  // 计算中央经线
     destBeijing54.X = destBeijing54.X - floor(destBeijing54.X / 1000000)*1000000; //
减去带号
     destWgs84 = [CoordinaTransform BejxyzToWgsLonlat:(Point3d)
destBeijing54:(double) destCenterLon:countyCode];
    wgs84_lon = destWgs84.X;
    wgs84_lat = destWgs84.Y;
}
- (void)refreshGPSLable
{
    Point3d currentWgs84,currentBeijing54,destBeijing54;
    currentWgs84.X = self.mapView.gps.currentLocation.coordinate.longitude;
    currentWgs84.Y = self.mapView.gps.currentLocation.coordinate.latitude;
    currentWgs84.Z = 0;
    destBeijing54.X = gps_abscissa;
```

```
        destBeijing54.Y = gps_ordinate;
        destBeijing54.Z = 0;
        NSInteger currentCenterLon = ceil(currentWgs84.X/6)*6-3;
        currentBeijing54 = [CoordinaTransform WgsLonLatToBejxyz:currentWgs84
:(double)currentCenterLon:countyCode];
        currentWGSLabel.text = [NSString stringWithFormat:@"%.5f, %.5f",currentWgs84.
X,currentWgs84.Y];
        currentBeijingLabel.text = [NSString stringWithFormat:@"%.3f,
%.3f",currentBeijing54.X,currentBeijing54.Y];
        destWGSLabel.text = [NSString stringWithFormat:@"%.5f, %.5f",wgs84_
lon,wgs84_lat];
        destBeijingLabel.text = [NSString stringWithFormat:@"%.3f, %.3f",gps_
abscissa,gps_ordinate];
        currentBeijing54.X = currentBeijing54.X - floor(currentBeijing54.X /
1000000)*1000000;// 减去带号，计算。
        destBeijing54.X = destBeijing54.X - floor(destBeijing54.X / 1000000)*1000000; //
减去带号
        double distance = sqrt((destBeijing54.X-currentBeijing54.X)*(destBeijing54.X -
currentBeijing54.X) +
                    (destBeijing54.Y - currentBeijing54.Y) * (destBeijing54.Y -
currentBeijing54.Y))/1000;
        distanceLabel.text = [NSString stringWithFormat:@"%.3f 公里 ",distance];
    }
    -(Point3d)getCurrentBeijing54
    {
        Point3d currentWgs84,currentBeijing54;
        currentWgs84.X = self.mapView.gps.currentLocation.coordinate.longitude;
        currentWgs84.Y = self.mapView.gps.currentLocation.coordinate.latitude;
        currentWgs84.Z = 0;
        NSInteger currentCenterLon = ceil(currentWgs84.X/6)*6-3;
        currentBeijing54 = [CoordinaTransform WgsLonLatToBejxyz:currentWgs84
:(double)currentCenterLon:countyCode];
        return currentBeijing54;
    }
    -(IBAction)selectMapServices:(id)sender
    {
        NSError *error = nil;
```

```
    NSArray *fileList = [[NSFileManager defaultManager]
contentsOfDirectoryAtPath:MAP_FOLDER error: &error];
    self.tablePopoverController = [[TablePopoverController alloc] initWithContent:
fileList];
    self.tablePopoverController.contentSizeForViewInPopover = CGSizeMake(180, 220);
    self.tablePopoverController.delegate = self;
    self.popoverController = [[UIPopoverController alloc]initWithContentViewControlle
r:self.tablePopoverController];
    self.popoverController.delegate = self;
    CGRect rectOfField = [mapServicesButton.superview
convertRect:mapServicesButton.frame toView:self.view];
    [self.popoverController presentPopoverFromRect:rectOfField inView:self.view
                permittedArrowDirections:UIPopoverArrowDirectionUp
animated:YES];
    [self.popoverController release];
    [self.tablePopoverController release];
}
- (IBAction)autoPanModeChanged:(id)sender
{
    if(!self.mapView.gps.enabled)
      [self.mapView.gps start];
    switch (self.autoPanModeControl.selectedSegmentIndex)
    {
      case 0:
        self.mapView.gps.autoPanMode = AGSGPSAutoPanModeDefault;
                self.mapView.gps.wanderExtentFactor = 0.75;
        break;
      case 1:
        self.mapView.gps.autoPanMode = AGSGPSAutoPanModeNavigation;
                self.mapView.gps.navigationPointHeightFactor = 0.15;
        break;
      case 2:
        self.mapView.gps.autoPanMode = AGSGPSAutoPanModeCompassNavigation;
                self.mapView.gps.navigationPointHeightFactor = 0.5;
        break;
      default:
        break;
```

```
    }
}
- (void)createPlotPointGraphics
{
    AGSGraphic *graphic;
    AGSPoint *graphicPoint;
    NSMutableDictionary *graphicAttributes;
    AGSPictureMarkerSymbol *graphicSymbol;
    Point3d pointBeiJing54,pointWGS84;
    pointBeiJing54.X = gps_abscissa;
    pointBeiJing54.Y = gps_ordinate;
    pointBeiJing54.Z = 0;
    NSInteger centerLon = floor(gps_abscissa / 1000000) * 6 - 3;  // 计算中央经线
    pointBeiJing54.X = pointBeiJing54.X - floor(pointBeiJing54.X / 1000000)*1000000;
// 减去带号
     pointWGS84 = [CoordinaTransform BejxyzToWgsLonlat:(Point3d)
pointBeiJing54:(double) centerLon:countyCode];
     graphicPoint = [AGSPoint pointWithX:pointWGS84.X y:pointWGS84.Y
spatialReference:self.mapView.spatialReference];
     graphicAttributes = [NSMutableDictionary dictionaryWithObjectsAndKeys:
[NSNumber numberWithInt:EmbeddedMapView], @"type", [NSNumber
numberWithInt:self.plotID],@" 样地号 ",          nil];
    graphicSymbol = [AGSPictureMarkerSymbol pictureMarkerSymbolWithImageName
d:@"RedFlag32.png"];
     graphic = [AGSGraphic graphicWithGeometry:graphicPoint symbol:graphicSymbol
attributes:graphicAttributes infoTemplateDelegate:self];
    [self.PointGraphicsLayer addGraphic:graphic];
}
- (void)addExistingAsVertex
{
    [self.gpsSketchLayer removePartAtIndex:0];
    [self.gpsSketchLayer addPart];
    self.vertexCount = 0;
    AGSPoint *graphicPoint;
    AGSMutablePolyline *polyLine;
    Point3d pointBeiJing54,pointWGS84;
     polyLine = [[AGSMutablePolyline alloc] initWithSpatialReference:self.mapView.
```

```
spatialReference];
        for(int i = 0;i<[self.dataInfos.datas count];i++)
        {
          GpsInfo * info = [self.dataInfos.datas objectAtIndex:i];
            pointBeiJing54.X =[(NSNumber *)[info getCellAtName:@"gps_x"].actualValue
floatValue];
            pointBeiJing54.Y = [(NSNumber *)[info getCellAtName:@"gps_y"].actualValue
floatValue];
          pointBeiJing54.Z = 0;
          NSInteger centerLon = floor(gps_abscissa / 1000000) * 6 - 3;  // 计算中央经线
            pointBeiJing54.X = pointBeiJing54.X - floor(pointBeiJing54.X /
1000000)*1000000; // 减去带号

            pointWGS84 = [CoordinaTransform BejxyzToWgsLonlat:(Point3d)
pointBeiJing54:(double) centerLon:countyCode];
            graphicPoint = [AGSPoint pointWithX:pointWGS84.X y:pointWGS84.Y
spatialReference:self.mapView.spatialReference];
          [self.gpsSketchLayer  insertVertex:graphicPoint inPart:0 atIndex:i];
          self.vertexCount ++;
        }
        [polyLine release];
    }
    - (void)startGpsSketching
    {
        locationManager.desiredAccuracy = kCLLocationAccuracyNearestTenMeters;
        locationManager.distanceFilter = 150.0f;
        [locationManager startUpdatingLocation];
        isRecording =YES;
    }
```

3.4.3 样木位置图自动绘制

```
    -(void)SamplePicViewDrawing:(SamplePicViewClass *)view context:(CGContextRef)
drawContext
    {
        // 计算屏幕坐标
        CGRect rect;
        for (SamplePostionData *data in samplePositionDatas)
        {
            rect = [view getPointXYAtDistanceAndAzimuth:[data.distance floatValue]
```

```
azimuth:[data.azimuth floatValue] location:locationPoint];
            data.screenPont = rect.origin;
            data.isUsed = NO;
            if ([data.tree_no intValue] == [tree_no.text intValue] ) {
            }
        }
        int curTree_no = [tree_no.text intValue];
        // 计算同兜树
        SamplePostionData *curData,*nextData;
        NSMutableArray *drawInfos = [[NSMutableArray alloc] initWithCapacity:0];
        float ratio = [view getMetricPerPixes];
        float a,b,c;
        samplePostionDrawPointInfo *drawPointInfo = nil;
        BOOL isFound = NO;
        float drawImageWidth = [view getDrawImageWidthAndHeight];
        for (int i = 0; i < [samplePositionDatas count]; i++)
        {
           curData =  [samplePositionDatas objectAtIndex:i];
           isFound = NO;
           for (int j = 0; j < [samplePositionDatas count]; j++)
           {
              if (i == j) continue;
              nextData =  [samplePositionDatas objectAtIndex:j];
              if (!nextData.isUsed)
              {
                 a = (curData.screenPont.x - nextData.screenPont.x);
                 b = (curData.screenPont.y - nextData.screenPont.y);
                 c = sqrtf(a*a + b*b);
                     if (c * ratio < 0.25 && [curData.spiecesCode isEqualToString:nextData.
spiecesCode])
                 {
                    curData.isUsed = YES;
                    nextData.isUsed = YES;
                    if (!isFound)
                       drawPointInfo = [[samplePostionDrawPointInfo alloc] init];
                    isFound = YES;
                    if (drawPointInfo.count == 0)
```

```
                {
                    drawPointInfo.rect = CGRectMake(curData.screenPont.x, curData.
screenPont.y, drawImageWidth, drawImageWidth);
                    [drawPointInfo.samplePostionDataArray addObject:curData];
                    [drawPointInfo.samplePostionDataArray addObject:nextData];
                    drawPointInfo.count = 2;
                }
                else
                {
                    drawPointInfo.count++;
                    [drawPointInfo.samplePostionDataArray addObject:nextData];
                }
                    [drawPointInfo setSamplePostionImageType:curData.spiecesType
isHightlight:NO];
              }
            }
          }
          if (drawPointInfo != nil && isFound)
          {
            drawPointInfo.colorType = curData.colorType;
            [drawInfos addObject:drawPointInfo];
            [drawPointInfo release];
          }
        }
        // 计算非同兜树
        for (int i = 0; i < [samplePositionDatas count]; i++)
        {
          curData = [samplePositionDatas objectAtIndex:i];
          if (!curData.isUsed)
          {
            drawPointInfo = [[samplePostionDrawPointInfo alloc] init];
             drawPointInfo.rect = CGRectMake(curData.screenPont.x, curData.screenPont.y,
drawImageWidth, drawImageWidth);
            [drawPointInfo.samplePostionDataArray addObject:curData];
                [drawPointInfo setSamplePostionImageType:curData.spiecesType
isHightlight:NO];
            drawPointInfo.colorType = curData.colorType;
```

```
            [drawInfos addObject:drawPointInfo];
            [drawPointInfo release];
        }
    }
    // 设置当前样木号高亮
    for (samplePostionDrawPointInfo *info in drawInfos)
    {
        if([info isExistTree_no:curTree_no])
        {
            [info setSamplePostionImageType:[self getSamplePostionSpiecesWithTreeID:cu
rTree_no] isHightlight:YES];
            break;
        }
    }
    // 绘制底图
    CGRect backgroudRect;
    backgroudRect.origin = CGPointMake(0, 0);
    backgroudRect.size = view.bounds.size;
    CGContextDrawImage(drawContext, backgroudRect, backgroundImage.CGImage);
    // 绘图
    for (samplePostionDrawPointInfo *info in drawInfos)
    {
        switch (info.imageType)
        {
            case itConifer1:
                if (info.colorType == ctGreen)
                {
                    if (conifermage1 == nil)
                        conifermage1 = [UIImage imageNamed:@"triangle101.png"];
                    info.imageRef = conifermage1.CGImage;
                }
                else if (info.colorType == ctRed)
                {
                    if (conifermage1_red == nil)
                            conifermage1_red = [UIImage imageNamed:@"redtriangle101.png.
png"];
                    info.imageRef = conifermage1_red.CGImage;
```

```
        }
        break;
    case itConifer2:
        if (info.colorType == ctGreen)
        {
            if (coniferImage2 == nil)
                coniferImage2 = [UIImage imageNamed:@"triangle102.png"];
            info.imageRef = coniferImage2.CGImage;
        }
        else if (info.colorType == ctRed)
        {
            if (coniferImage2_re == nil)
                coniferImage2_re = [UIImage imageNamed:@"redtriangle102.png"];
            info.imageRef = coniferImage2_re.CGImage;
        }
        break;
    case itConifer3:
        if (info.colorType == ctGreen)
        {
            if (coniferImage3 == nil)
                coniferImage3 = [UIImage imageNamed:@"triangle103.png"];
            info.imageRef = coniferImage3.CGImage;
        }
        else if (info.colorType == ctRed)
        {
            if (coniferImage3_re == nil)
                coniferImage3_re = [UIImage imageNamed:@"redtriangle103.png"];
            info.imageRef = coniferImage3_re.CGImage;
        }
        break;
    case itConiferHightLight1:
        if (info.colorType == ctGreen)
        {
            if (coniferImageHightlight1 == nil)
                coniferImageHightlight1 = [UIImage imageNamed:@"trianglehighlight1
01.png"];
            info.imageRef = coniferImageHightlight1.CGImage;
```

```
            }
            else if (info.colorType == ctRed)
            {
              if (coniferImageHightlight1_re == nil)
                  coniferImageHightlight1_re = [UIImage imageNamed:@"redtrianglehig
hlight101.png"];
              info.imageRef = coniferImageHightlight1_re.CGImage;
            }
            break;
          case itConiferHightLight2:
            if (info.colorType == ctGreen)
            {
              if (coniferImageHightlight2 == nil)
                 coniferImageHightlight2 = [UIImage imageNamed:@"trianglehighlight1
02.png"];
              info.imageRef = coniferImageHightlight2.CGImage;
            }
            else if (info.colorType == ctRed)
            {
              if (coniferImageHightlight2_re == nil)
                  coniferImageHightlight2_re = [UIImage imageNamed:@"redtrianglehig
hlight102.png"];
              info.imageRef = coniferImageHightlight2_re.CGImage;
            }
            break;
          case itConiferHightLight3:
            if (info.colorType == ctGreen)
            {
              if (coniferImageHightlight3 == nil)
                 coniferImageHightlight3 = [UIImage imageNamed:@"trianglehighlight1
03.png"];
              info.imageRef = coniferImageHightlight3.CGImage;
            }
            else if (info.colorType == ctRed)
            {
              if (coniferImageHightlight3_re == nil)
                 coniferImageHightlight3_re = [UIImage imageNamed:@"redtrianglehig
```

```
hlight103.png"];
                info.imageRef = coniferImageHightlight3_re.CGImage;
            }
            break;
        case itBroadleaf1:
            if (info.colorType == ctGreen)
            {
                if (broadleafImage1 == nil)
                    broadleafImage1 = [UIImage imageNamed:@"circular101.png"];
                info.imageRef = broadleafImage1.CGImage;
            }
            else if (info.colorType == ctRed)
            {
                if (broadleafImage1_re == nil)
                    broadleafImage1_re = [UIImage imageNamed:@"redcircular101.png"];
                info.imageRef = broadleafImage1_re.CGImage;
            }
            break;
        case itBroadleaf2:
            if (info.colorType == ctGreen)
            {
                if (broadleafImage2 == nil)
                    broadleafImage2 = [UIImage imageNamed:@"circular102.png"];
                info.imageRef = broadleafImage2.CGImage;
            }
            else if (info.colorType == ctRed)
            {
                if (broadleafImage2_re == nil)
                    broadleafImage2_re = [UIImage imageNamed:@"redcircular102.png"];
                info.imageRef = broadleafImage2_re.CGImage;
            }
            break;
        case itBroadleaf3:
            if (info.colorType == ctGreen)
            {
                if (broadleafImage3 == nil)
                    broadleafImage3 = [UIImage imageNamed:@"circular103.png"];
```

```
            info.imageRef = broadleafImage3.CGImage;
        }
        else if (info.colorType == ctRed)
        {
            if (broadleafImage3_re == nil)
                broadleafImage3_re = [UIImage imageNamed:@"redcircular103.png"];
            info.imageRef = broadleafImage3_re.CGImage;
        }
        break;
    case itBroadleafHightLight1:
        if (info.colorType == ctGreen)
        {
            if (broadleafImageHightlight1 == nil)
                broadleafImageHightlight1 = [UIImage imageNamed:@"circularhighligh
t101.png"];
            info.imageRef = broadleafImageHightlight1.CGImage;
        }
        else if (info.colorType == ctRed)
        {
            if (broadleafImageHightlight1_re == nil)
                broadleafImageHightlight1_re = [UIImage imageNamed:@"redcircularhi
ghlight101.png"];
            info.imageRef = broadleafImageHightlight1_re.CGImage;
        }
        break;
    case itBroadleafHightLight2:
        if (info.colorType == ctGreen)
        {
            if (broadleafImageHightlight2 == nil)
                broadleafImageHightlight2 = [UIImage imageNamed:@"circularhighligh
t102.png"];
            info.imageRef = broadleafImageHightlight2.CGImage;
        }
        else if (info.colorType == ctRed)
        {
            if (broadleafImageHightlight2_re == nil)
                broadleafImageHightlight2_re = [UIImage imageNamed:@"redcircularhi
```

```
ghlight102.png"];
                info.imageRef = broadleafImageHightlight2_re.CGImage;
            }
            break;
        case itBroadleafHightLight3:
            if (info.colorType == ctGreen)
            {
                if (broadleafImageHightlight3 == nil)
                    broadleafImageHightlight3 = [UIImage imageNamed:@"circularhighligh
t103.png"];
                info.imageRef = broadleafImageHightlight3.CGImage;
            }
            else if (info.colorType == ctRed)
            {
                if (broadleafImageHightlight3_re == nil)
                    broadleafImageHightlight3_re = [UIImage imageNamed:@"redcircularhi
ghlight103.png"];
                info.imageRef = broadleafImageHightlight3_re.CGImage;            }
            break;
        case itCutWood:
            if (cutWoodImage == nil)
                cutWoodImage = [UIImage imageNamed:@"cut_cur.png"];
            info.imageRef = cutWoodImage.CGImage;
            break;
        case itCutWoodHightLight:
            if (cutWoodImageHightlight == nil)
                cutWoodImageHightlight = [UIImage imageNamed:@"cut_cur_1.png"];
            info.imageRef = cutWoodImageHightlight.CGImage;
            break;
        default:
            break;
    }
    [view drawImageAndText:drawContext drawInfo:info];
  }
  [drawInfos removeAllObjects];
  [drawInfos release];
}
```

```
- (enum samplePostionSpieces)getSamplePostionSpiecesWithTreeID:(NSInteger)treeID
{
    enum samplePostionSpieces result = sConifer;
    for (SamplePostionData *data in samplePositionDatas) {
        if ([data.tree_no intValue] == treeID)
        {
            result = data.spiecesType;
            break;
        }
    }
    return result;
}
// 验证样木数据是否在边框里面，不在范围里面，返回 NO。
-(BOOL) ValidateTreeInsideFrame:(float)theAzimuth Distance:(float)theDistance
{
    if (theDistance < 0 || theAzimuth< 0) return NO;
    if (theAzimuth >= 360)
    {
        int iAzimuth = theAzimuth;
        float fAzimuth = theAzimuth - iAzimuth;
        iAzimuth %= 360;
        theAzimuth = iAzimuth + fAzimuth;
    }
    CGRect result = CGRectMake(0, 0, 0, 0);
    if (theAzimuth >= 0 && theAzimuth < 90)
    {
        result.origin.x = 25.82/2 + sinf(theAzimuth * M_PI / 180.0) * theDistance;
        result.origin.y = 25.82/2 - cosf(theAzimuth * M_PI / 180.0) * theDistance;
    }
    else if (theAzimuth >= 90 && theAzimuth < 180)
    {
        result.origin.x =25.82/2 + sinf((180 - theAzimuth) * M_PI / 180.0) * theDistance;
        result.origin.y = 25.82/2+ cosf((180 - theAzimuth) * M_PI / 180.0) * theDistance;
    }
    else if (theAzimuth >= 180 && theAzimuth < 270)
    {
        result.origin.x = 25.82/2 - cosf((270 - theAzimuth) * M_PI / 180.0) * theDistance;
```

```
        result.origin.y = 25.82/2 + sinf((270 - theAzimuth) * M_PI / 180.0) * theDistance;
    }
    else if (theAzimuth >= 270 && theAzimuth < 360)
    {
        result.origin.x = 25.82/2 - sinf((360 - theAzimuth) * M_PI / 180.0) * theDistance;
        result.origin.y = 25.82/2 - cosf((360 - theAzimuth) * M_PI / 180.0) * theDistance;
    }
    NSInteger intLocationPoint = [locationPoint intValue];
    switch (intLocationPoint)
    {
        case 0:
            break;
        case 1:
            result.origin.x -=25.82/2;
            result.origin.y +=25.82/2;
            break;
        case 2:
            result.origin.x -=25.82/2;
            result.origin.y -=25.82/2;

            break;
        case 3:
            result.origin.x +=25.82/2;
            result.origin.y  -=25.82/2;
            break;
        case 4:
            result.origin.x +=25.82/2;
            result.origin.y +=25.82/2;
            break;
        case 5:
            break;

        default:
            break;
    }
    if (result.origin.x - 25.82f > 0.001f || result.origin.x - 0.0f < -0.001f || result.origin.y -
0.0f < -0.001f ||  result.origin.y - 25.82f > 0.001f)
```

```
    {
      return NO;
    }
    else
    {
      return  YES;
    }
}
// 获取当前样木号的样木绘图数据
- (SamplePostionData *)getCurSamplePostionData:(NSInteger)iTree_no
{
   SamplePostionData *info = nil;
   for (int i=0; i<[samplePositionDatas count]; i++)
   {
      info = (SamplePostionData *)[samplePositionDatas objectAtIndex:i];
      if ([(NSNumber *)info.tree_no intValue] == iTree_no)
         return info;
   }
   return nil;
}
```

3.4.4 逻辑检查

3.4.4.1 样地因子逻辑检查

```
- (NSString *)getValidateErrorInfo:(HTBusinessValidateRules *)rules
{
   NSMutableString *result = [[[NSMutableString alloc] init] autorelease];
   NSInteger count = 1;
   if (rules != nil)
   {
      [self insertDatasToTemp];
      NSAutoreleasePool *pool = [[NSAutoreleasePool alloc] init];
         self.database = [FMDatabase databaseWithPath:[DataBaseInfo
getDefaultDatabaseFilePath]];
      [self.database open];
      [self.database setShouldCacheStatements:YES];
      HTBusinessValidateRule *rule;
      NSObject *value;
```

```
        for (int i=0; i<rules.datas.count; i++)
        {
            rule = [rules.datas objectAtIndex:i];
                value = [self.database executeScalar:[NSString stringWithFormat:@"select count(*) from %@ where %@",[NSString stringWithFormat:@"%@_temp",self.tableName],rule.expression]];
            if(value != nil && [(NSNumber *)value intValue] > 0)
            {
                [result appendFormat:@"%d、%@ \r\n",count,rule.error_info];
                count++;
            }
        }
        [self.database close];
        [pool release];
    }
    if ([result length] == 0)
        [result appendString:@" 逻辑检查通过！！！ "];
    return result;
}
```

3.4.4.2 样木因子逻辑检查

```
- (void)afterTextFieldEndEdited:(UITextField *)textField
{
    HTFieldDesc *fieldInfo= [self.dataInfos getHTFieldDescWithTag:textField.tag];
    EveryTreeInfo *info = (EveryTreeInfo *)_dataInfo;
    // 验证输入样木的水平距、方位角是否在样地之内
    if ([fieldInfo.Fieldname isEqualToString:@"azimuth"])
    {
        if (info.azimuth.actualValue != nil && info.distance.actualValue != nil)
        {
            if(locationPoint == nil)
            {
                [self showMessageBox:@" 您的罗盘架设在哪里进行样木定位？ \r\n 请先到表二中输入样木定位点！！！ "];
            }
            else
            {
                if (![self ValidateTreeInsideFrame:[(NSNumber *)info.azimuth.actualValue
```

```
floatValue] Distance:[(NSNumber *)info.distance.actualValue floatValue]])
                {
                    [self showMessageBox:@" 样木不在样地的范围内，请重新输入方位角！！！ "];
                    azimuth.text = @"0";
                    [info.azimuth setactualValue:[self.dataInfos getHTFieldDescWithFieldName:@"azimuth"] value:@"0"];
                }
            }
        }
    }
    else if ([fieldInfo.Fieldname isEqualToString:@"distance"])
    {
        if (info.azimuth.actualValue != nil && info.distance.actualValue != nil)
        {
            if(locationPoint == nil)
            {
                [self showMessageBox:@" 您的罗盘架设在哪里进行样木定位？ \r\n 请先到表二中输入样木定位点！！！ "];
            }
            else
            {
                if (![self ValidateTreeInsideFrame:[(NSNumber *)info.azimuth.actualValue floatValue] Distance:[(NSNumber *)info.distance.actualValue floatValue]])
                {
                    [self showMessageBox:@" 样木不在样地的范围内，请重新输入水平距！！！ "];
                    distance.text = @"0";
                    [info.distance setactualValue:[self.dataInfos getHTFieldDescWithFieldName:@"distance"] value:@"0"];
                }
            }
        }
    }
    else if ([fieldInfo.Fieldname isEqualToString:@"tally_cur"])
    {
        if (info.tally_pre.actualValue != nil && [@",11,12,16,18,19,20,1,2,10,"
```

```
contains:[NSString stringWithFormat:@",%@,",(NSString *)info.tally_pre.actualValue]] && [@",13,14,15," contains:[NSString stringWithFormat:@",%@,",(NSString *)info.tally_cur.actualValue]])
            {
                dbh_cur.text = dbh_pre.text;
                [info.dbh_cur setactualValue:[self.dataInfos getHTFieldDescWithFieldName:@"dbh_cur"] value:dbh_pre.text];
            }
        }
        else if ([fieldInfo.Fieldname isEqualToString:@"dbh_cur"])
        {
            if (info.species.actualValue != nil && [(NSNumber *)info.species.actualValue intValue] != 660 && info.dbh_cur.actualValue != nil && [(NSNumber *)info.dbh_cur.actualValue floatValue] < 5.0)
            {
                [self showMessageBox:@" 非毛竹检尺树种的起测胸径为 5.0cm，\r\n 毛竹起测胸径为 2.0cm ！ ！ ！ "];
            }
            if ([(NSNumber *)info.dbh_pre.actualValue floatValue] >= 5 && ([(NSNumber *)info.dbh_cur.actualValue floatValue] - [(NSNumber *)info.dbh_pre.actualValue floatValue]) >= 10)
            {
                [self showMessageBox:@" 本期胸径比前期胸径大 10cm,\r\n 请再测量一遍¦,并仔细核对！ ！ ！ "];
            }
            if ([(NSNumber *)info.dbh_pre.actualValue floatValue] >= 5 && ([(NSNumber *)info.dbh_cur.actualValue floatValue] < [(NSNumber *)info.dbh_pre.actualValue floatValue]))
            {
                [self showMessageBox:@" 本期胸径小于等于前期胸径，\r\n 请再测量一遍，并仔细核对！ ！ ！ "];
            }
            if ([(NSNumber *)info.tally_cur.actualValue intValue] == 12 && [(NSNumber *)info.dbh_cur.actualValue floatValue] >= 30.0)
            {
                [self showMessageBox:@" 进界木的胸径不可能大于 30cm ！ "];
            }
            if ([(NSNumber *)info.tally_cur.actualValue intValue] != 12 && [(NSNumber *)
```

```
info.dbh_cur.actualValue floatValue] >= 50.0)
            {
                [self showMessageBox:@" 本期胸径大于等于 50cm，\r\n 请再测量一遍，并仔细核对！！！ "];
            }
            // 检尺类型前期是活立木，若本期胸径 >=5，则本期检尺类型自动变成保留木
            if (info.tally_pre.actualValue != nil && [@",11,12,16,18,19,20,1,2,10," contains:[NSString stringWithFormat:@",%@,",(NSString *)info.tally_pre.actualValue]] && [(NSNumber *)info.dbh_cur.actualValue floatValue] >= 5.0)
            {
                tally_cur.textColor = [UIColor redColor];
                tally_cur.text = @"11 保留木 ";
                [info.tally_cur setactualValue:[self.dataInfos getHTFieldDescWithFieldName:@"tally_cur"] value:@"11 保留木 "];
            }
        }
        else if ([fieldInfo.Fieldname isEqualToString:@"tally_pre"])
        {
            if (![textField.text isEqualToString:textField.placeholder])
            {
                [self showtally_preConfirmActionSheet];
            }
        }
        else if ([fieldInfo.Fieldname isEqualToString:@"tree_no"])
        {
            if (![textField.text isEqualToString:textField.placeholder])
            {
                [self showTree_noConfirmActionSheet];
            }
        }
        else if ([fieldInfo.Fieldname isEqualToString:@"searchTree_no"])
        {
            if (![searchTree_no.text isEqualToString:searchTree_no.placeholder])
            {
                NSInteger idx = [(EveryTreeInfos *)self.dataInfos getRowNumWithTree_no:[searchTree_no.text intValue]];
```

```
            if (idx == -1)
              [StringHelper showMessageBox:[NSString stringWithFormat:@" 不存在 %@
号样木，请选择样木号！ ",searchTree_no.text]];
            else
            {
              self.rowNum = idx;
                  EveryTreeInfo *info = (EveryTreeInfo *)[self.dataInfos.datas
objectAtIndex:[(EveryTreeInfos *)self.dataInfos getRowNumWithTree_no:[tree_no.text
intValue]]];
              if (info.isRowChanged)
              {
                [self.dataInfos insertRecordToDatabase:info];
                info.isRowChanged = NO;
              }
            }
          }
          searchTree_no.text = @"";
          searchTree_no.placeholder = @" 选择样木 ";
        }
        else if ([fieldInfo.Fieldname isEqualToString:@"species"])
        {
             if ([fieldInfo getFactorNameString:species.text] == nil && [fieldInfo
getFactorNameString:[species.text splitStringReturnFirst:@" "]] == nil)
          {
            BOOL isnoInputSpeicesCode = [species.text length] == 0;
            species.text = species.placeholder;
            [[info getCellAtName:@"species"] setactualValue:[self.dataInfos getHTFieldDe
scWithFieldName:@"species"] value:species.placeholder];
            if (!isnoInputSpeicesCode)
              [StringHelper showMessageBox:@" 输入树种代码不正确！ "];
          }
          else
          {
             if (info.species.actualValue != nil && [(NSNumber *)info.species.actualValue
intValue] != 660 && info.dbh_cur.actualValue != nil && [(NSNumber *)info.dbh_cur.
actualValue floatValue] < 5.0)
            {
```

```
                [self showMessageBox:@" 非毛竹检尺树种的起测胸径为 5.0cm，\r\n 毛
竹起测胸径为 2.0cm！！！ "];
            }
            species.text = [fieldInfo getDisplayValueWithFactorCode:species.text];
            [[info getCellAtName:@"species"] setactualValue:[self.dataInfos getHTFieldDe
scWithFieldName:@"species"] value:species.text];
        }
    }
    ......
    ......
    ......
    [self updateTextFieldInView];
}
- (BOOL)validateBusinessRules:(BOOL)isBreak
{
    BOOL result = YES;
    EveryTreeInfo *info = nil;
     [self.errorString deleteCharactersInRange:NSMakeRange(0,[self.errorString
length])];
    NSInteger count = 0;
    NSInteger tree_no = 0;
    for (int i=0; i<[self.datas count]; i++)
    {
        info = (EveryTreeInfo *)[self.datas objectAtIndex:i];
         if (info.tally_cur.actualValue != nil && [self isStandWood:(NSString *)info.tally_
cur.actualValue])
        {
            tree_no = [(NSNumber *)info.tree_no.actualValue intValue];
                if (info.tally_pre.actualValue != nil && [@",11,12,16,18,19,20,1,2,10,"
contains:[NSString stringWithFormat:@",%@,",(NSString *)info.tally_pre.actualValue]]
&& ([(NSNumber *)info.tally_cur.actualValue floatValue] == 12 || [(NSNumber *)info.tally_
cur.actualValue floatValue] == 16 || [(NSNumber *)info.tally_cur.actualValue floatValue] ==
10 || [(NSNumber *)info.tally_cur.actualValue floatValue] == 1))
            {
                count++;
                 [errorString appendFormat:@"%d、样木号为 :%d，前期活立木，本期检
尺类型不能填进界木、漏测木、大苗移栽样木、改设样地活立木！ \r\n",count,tree_no];
```

```
            result = NO;
            if (isBreak) break;
        }
        if (info.tally_pre.actualValue != nil && ![@",11,12,16,18,19,20,1,2,10," contains:[NSString stringWithFormat:@",%@,",(NSString *)info.tally_pre.actualValue]] && [@",11,12,16,18,19,1,2,10," contains:[NSString stringWithFormat:@",%@,",(NSString *)info.tally_cur.actualValue]])
        {
            count++;
            [errorString appendFormat:@"%d、样木号为 :%d，前期不是活立木，本期检尺类型不能填活立木类型（类型错测木除外）！ \r\n",count,tree_no];
            result = NO;
            if (isBreak) break;
        }
        if (info.species.actualValue != nil && [(NSNumber *)info.species.actualValue intValue] != 660 && info.dbh_cur.actualValue != nil && [(NSNumber *)info.dbh_cur.actualValue floatValue] < 5.0)
        {
            count++;
            [errorString appendFormat:@"%d、样木号为 :%d，非毛竹检尺树种的起测胸径为 5.0cm！ \r\n",count,tree_no];
            result = NO;
            if (isBreak) break;
        }
        if ([(NSNumber *)info.species.actualValue intValue] != 660 && info.tally_pre.actualValue == nil && ([(NSNumber *)info.tally_cur.actualValue floatValue] == 11 || [(NSNumber *)info.tally_cur.actualValue intValue] == 13 || [(NSNumber *)info.tally_cur.actualValue intValue] == 14 || [(NSNumber *)info.tally_cur.actualValue intValue] == 15 || [(NSNumber *)info.tally_cur.actualValue intValue] > 16))
        {
            count++;
            [errorString appendFormat:@"%d、样木号为 :%d，非毛竹新增样木的检尺类型不能填保留木、枯立木、采伐木、枯倒木、多测木、错测木！ \r\n",count,tree_no];
            result = NO;
            if (isBreak) break;
        }
```

```
            if ([(NSNumber *)info.tally_cur.actualValue floatValue] == 12 && [(NSNumber *)info.dbh_cur.actualValue floatValue] >= 30.0)
            {
                count++;
                [errorString appendFormat:@"%d、样木号为 :%d，进界木的胸径不可能大于 30cm！ \r\n",count,tree_no];
                result = NO;
                if (isBreak) break;
            }
            if (info.tree_type.actualValue == nil)
            {
                count++;
                [errorString appendFormat:@"%d、样木号为 :%d 的立木类型为空! \r\n",count,tree_no];
                result = NO;
                if (isBreak) break;
            }
            if (info.azimuth.actualValue == nil && [(NSNumber *)info.species.actualValue intValue] != 660)
            {
                count++;
                [errorString appendFormat:@"%d、样木号为 :%d 的方位角为空! \r\n",count,tree_no];
                result = NO;
                if (isBreak) break;
            }
            if (info.distance.actualValue == nil && [(NSNumber *)info.species.actualValue intValue] != 660)
            {
                count++;
                [errorString appendFormat:@"%d、样木号为 :%d 的水平距为空! \r\n",count,tree_no];
                result = NO;
                if (isBreak) break;
            }
            if (info.tally_cur.actualValue == nil)
            {
```

```
                count++;
                    [errorString appendFormat:@"%d、样木号为 :%d 的检尺类型为空!
\r\n",count,tree_no];
                result = NO;
                if (isBreak) break;
            }
            if (info.species.actualValue == nil)
            {
                count++;
                    [errorString appendFormat:@"%d、 样 木 号 为 :%d 的 树 种 为 空!
\r\n",count,tree_no];
                result = NO;
                if (isBreak) break;
            }
            if (info.dbh_cur.actualValue == nil)
            {
                count++;
                    [errorString appendFormat:@"%d、样木号为 :%d 的本期胸径为空!
\r\n",count,tree_no];
                result = NO;
                if (isBreak) break;
            }
            if (info.manage_type.actualValue == nil)
            {
                count++;
                  [errorString appendFormat:@"%d、样木号为 :%d 的采伐管理类型为空!
\r\n",count,tree_no];
                result = NO;
                if (isBreak) break;
            }
            ......
            ......
            ......
        }
    }
    return result;
}
```

3.4.4.3 表间逻辑检查

```
- (BOOL)validateBusinessRules:(BOOL)isBreak:(NSInteger) plotNo
{
    BOOL result = YES;
    NSInteger count = 0;
    [errorString deleteCharactersInRange:NSMakeRange(0,[errorString length])];
     HTDataEntityInfos *sampleInvestigateInfos = [[SampleInvestigateInfos alloc]
initWithPlotID:plotNo tableName:@"samplePlot"];
     SampleInvestigateInfos *sampleInvestigate_infos = (SampleInvestigateInfos *)
sampleInvestigateInfos;
    [sampleInvestigate_infos queryDatas];
    SampleInvestigateInfo *sampleInvestigate_info = nil;
     sampleInvestigate_info = (SampleInvestigateInfo *)[sampleInvestigate_infos.datas
objectAtIndex:0];
     if (sampleInvestigate_info.found_time.actualValue == nil || sampleInvestigate_
info.end_time.actualValue == nil || sampleInvestigate_info.start_time.actualValue == nil ||
sampleInvestigate_info.return_time.actualValue == nil )
    {
      count++;
        [errorString appendFormat:@"%d、所有样地必须填写：调查卡片封面—> 样
地调查记录表（封面）！ 该表填写不完整！ \r\n",count];
      result = NO;
    }
    [sampleInvestigateInfos release];
     HTDataEntityInfos *staffInfos = [[Staffs alloc] initWithPlotID:plotNo
tableName:@"staff"];
    Staffs *staff_infos = (Staffs *)staffInfos;
    [staff_infos queryDatas];
    if(staff_infos.datas.count == 0)
    {
      count++;
        [errorString appendFormat:@"%d、所有样地必须填写：调查卡片封面—> 工
作人员表！ \r\n",count];
      result = NO;
    }
    [staffInfos release];
     HTDataEntityInfos *sampleFactorInfos = [[SampleFactorInfos alloc]
```

```
initWithPlotID:plotNo tableName:@"SamplePlotData"];
        SampleFactorInfos *t2_infos = (SampleFactorInfos *)sampleFactorInfos;
        [t2_infos queryDatas];
        SampleFactorInfo *t2_info = nil;
        if(t2_infos.datas.count > 0)
          t2_info = (SampleFactorInfo *)[t2_infos.datas objectAtIndex:0];
        HTDataEntityInfos *everyTreeInfos = [[EveryTreeInfos alloc] initWithPlotID:plotNo
tableName:@"everyTreeMessure"];
        EveryTreeInfos *t4_infos = (EveryTreeInfos *)everyTreeInfos;
        [t4_infos queryDatas];
         if(t4_infos.datas.count > 0 && ([(NSNumber *)t2_info.plot_type.actualValue
intValue] < 14 || [(NSNumber *)t2_info.plot_type.actualValue intValue] > 19) &&
([(NSNumber *)t2_info.land_type.actualValue intValue] <= 120 || [(NSNumber *)t2_info.
land_type.actualValue intValue] > 300))
        {
             HTDataEntityInfos *perimeterMeasureInfos = [[PerimeterMeasureInfos alloc]
initWithPlotID:plotNo tableName:@"perimeterMeasure"];
             PerimeterMeasureInfos *perimeterMeasure_infos = (PerimeterMeasureInfos *)
perimeterMeasureInfos;
            [perimeterMeasure_infos queryDatas];
            if(perimeterMeasure_infos.datas.count == 0)
            {
              count++;
               [errorString appendFormat:@"%d、有检尺样木的有林地、疏林地必须调查
并填写：样地周界测量记录表！  提醒：其他有检尺样木的样地视情况进行周界测量，
但要求能够明确确定样地内的样木。\r\n",count];
              result = NO;
            }
            [perimeterMeasureInfos release];
        }
        if(t4_infos.datas.count > 0 && t2_info.samtree_locate_point.actualValue == nil)
        {
          count++;
           [errorString appendFormat:@"%d、有检尺样木的样地必须填写：样地因子调
查记录（表二）中的样木定位点！ \r\n",count];
          result = NO;
        }
```

```
        if (([(NSNumber *)t2_info.land_type.actualValue intValue] < 120 || [(NSNumber *)
t2_info.land_type.actualValue intValue] == 1131) && t4_infos.datas.count > 0)
        {
          EveryTreeInfo *t4_info = nil;
          BOOL flag = NO;
          for(int i=0;i < t4_infos.datas.count;i++)
          {
            t4_info = (EveryTreeInfo *)[t4_infos.datas objectAtIndex:i];
                if([(NSNumber *)t4_info.tree_type.actualValue intValue] == 11 &&
[@",11,12,16,18,19,20,1,2,10," contains:[NSString stringWithFormat:@",%@,",(NSString *)
t4_info.tally_cur.actualValue]])
              {
                flag = YES;
                break;
              }
          }
          if(flag == YES)
          {
            HTDataEntityInfos *treeHeightMeasureInfos = [[TreeHeightMeasureInfos alloc]
initWithPlotID:plotNo tableName:@"treeHeightMeasure"];
                TreeHeightMeasureInfos *t6_infos = (TreeHeightMeasureInfos *)
treeHeightMeasureInfos;
            [t6_infos queryDatas];
            if(t6_infos.datas.count == 0)
            {
              count++;
              [errorString appendFormat:@"%d、有检尺样木的有林地必须调查并填写：
平均样木调查记录（表六）！ \r\n",count];
              result = NO;
            }
            [treeHeightMeasureInfos release];
          }
        }
        [everyTreeInfos release];
         HTDataEntityInfos *desertificationInfos = [[DesertificationInfos alloc]
initWithPlotID:plotNo tableName:@"desertification"];
        DesertificationInfos *t7_infos = (DesertificationInfos *)desertificationInfos;
```

```
[t7_infos queryDatas];
if(t7_infos.datas.count > 0)
{
    DesertificationInfo *t7_info = (DesertificationInfo *)[t7_infos.datas
objectAtIndex:0];
    if(([(NSNumber *)t2_info.vegeta_cover.actualValue intValue] != [(NSNumber *)
t7_info.value3.actualValue intValue]) || ([(NSNumber *)t2_info.slope.actualValue intValue]
!= [(NSNumber *)t7_info.value4.actualValue intValue]) || ([(NSNumber *)t2_info.soil_thick.
actualValue intValue] != [(NSNumber *)t7_info.value5.actualValue intValue]))
    {
        count++;
        [errorString appendFormat:@"%d、(表二) 和 (表七) 中的调查因子记录不
一致! \r\n",count];
        result = NO;
    }
}
[desertificationInfos release];
if(([(NSNumber *)t2_info.land_type.actualValue intValue] <= 131 || [(NSNumber *)
t2_info.land_type.actualValue intValue] > 300))
{
    HTDataEntityInfos *forestDisasterInfos = [[ForestDisasterInfos alloc]
initWithPlotID:plotNo tableName:@"forestDisaster"];
    ForestDisasterInfos *t8_infos = (ForestDisasterInfos *)forestDisasterInfos;
    [t8_infos queryDatas];
    if(t8_infos.datas.count > 0)
    {
        BOOL flag = YES;
        ForestDisasterInfo *t8_info = nil;
        for(int i=0;i < t8_infos.datas.count;i++)
        {
            t8_info = (ForestDisasterInfo *)[t8_infos.datas objectAtIndex:i];
            if(([(NSNumber *)t2_info.frst_disaster_type.actualValue intValue] !=
[(NSNumber *)t8_info.disaster_type.actualValue intValue]) || ([(NSNumber *)t2_info.frst_
disaster_lvl.actualValue intValue] != [(NSNumber *)t8_info.disaster_class.actualValue
intValue]))
            {
                flag = NO;
```

```
                break;
            }
        }
        if(flag == NO)
        {
            count++;
            [errorString appendFormat:@"%d、(表二)和(表八)中的森林灾害情况调查记录不一致! \r\n",count];
            result = NO;
        }
    }
    [forestDisasterInfos release];
}
if(t2_info.little_plot_position.actualValue == nil)
{
    HTDataEntityInfos *vegetationResearchInfos = [[VegetationResearchInfos alloc] initWithPlotID:plotNo tableName:@"vegetationResearch"];
    VegetationResearchInfos *t9_infos = (VegetationResearchInfos *)vegetationResearchInfos;
    [t9_infos queryDatas];
    HTDataEntityInfos *underwoodResearchInfos = [[UnderwoodResearchInfos alloc] initWithPlotID:plotNo tableName:@"underwoodResearch"];
    UnderwoodResearchInfos *t10_infos = (UnderwoodResearchInfos *)underwoodResearchInfos;
    [t10_infos queryDatas];
    HTDataEntityInfos *naturalRenewInfos = [[NaturalRenewInfos alloc] initWithPlotID:plotNo tableName:@"naturalRenew"];
    NaturalRenewInfos *t11_infos = (NaturalRenewInfos *)naturalRenewInfos;
    [t11_infos queryDatas];
    if((t9_infos.datas.count > 0 || t10_infos.datas.count > 0 || t11_infos.datas.count > 0))
    {
        count++;
        [errorString appendFormat:@"%d、开展植被(表九)、下木(表十)、天然更新调查(表十一)时应填写:样地因子调查记录(表二)中的小样方(2m×2m)位置! \r\n",count];
        result = NO;
    }
    if(([(NSNumber *)t2_info.naturalness.actualValue intValue] == 1 || [(NSNumber *)
```

```
t2_info.naturalness.actualValue intValue] == 2) && t11_infos.datas.count == 0)
            {
                count++;
                [errorString appendFormat:@"%d、样地因子调查表（表二）有良好、中等天一然更新，但天一然更新调查表（表十一）却无记录！ \r\n",count];
                result = NO;
            }
            [vegetationResearchInfos release];
            [underwoodResearchInfos release];
            [naturalRenewInfos release];
        }
        ......
        ......
        ......
        return result;
    }
```

3.4.5 数据上传

```
// 获取访问服务地址
- (NSString *) getWebServiceUrl
{
    NSMutableString * result = [[NSMutableString  alloc] init];
    NSString *sql = [NSString stringWithFormat:@"select webserviceURL from url"];
    NSAutoreleasePool *pool = [[NSAutoreleasePool alloc] init];
    self.database = [FMDatabase databaseWithPath:[DataBaseInfo getDefaultDatabaseFilePath]];
    if (![self.database open])
    {
        NSLog(@" 未找到数据库文件 !!!");
        [pool release];
    }
    [self.database setShouldCacheStatements:YES];
    FMResultSet *rs = [self.database executeQuery:sql];
    while ([rs next])
    {
        [result appendString:[rs stringForColumnIndex:0]];
    }
```

```
    [rs close];
    [self.database close];
    [pool release];
    return  result;
  }
  // 上传当前样地
  - (IBAction)UploadCurrentPlot:(id)sender
  {
    recordResults = NO;
    // 判断当前样地号 ischange==1
    // 判断当前样地号是否有改变
    BOOL isChangeBool = [(UploadDataInfos *)self.dataInfos changeBool:(NSInteger *)
self.plotID];
    NSMutableArray * plotsBySelectedArray = [[NSMutableArray alloc] init];
    if(isChangeBool)  // 需要上传
    {
        NSString *plot_no= [NSString stringWithFormat: @"%d", (NSInteger *)self.
plotID];
      [plotsBySelectedArray addObject:plot_no];
      [self upLoadPlotNo:plotsBySelectedArray];
    }
    else
    {
      [StringHelper showMessageBox:@" 当前样地没有修改数据，不需要上传。"];
    }
    [plotsBySelectedArray release];
  }
  // 上传选中的样地
  - (IBAction)UploadSelectedPlot:(id)sender
  {
    NSMutableArray * plotsBySelectedArray = [[NSMutableArray alloc] init];
    // 判断 selectedOfPlot[i] bool 值，确定第 i 个是否需要上传，i 从 0 开始。
    for(int i = 0;i<self.rowsOfTable;i++)
    {
      if (selectedOfPlot[i])
      {
        // 上传 tableview 上第 i 行样地，上传完成修改样地修改标识字段。
```

```
            UploadDataInfo *info = (UploadDataInfo *)[self.dataInfos.datas
objectAtIndex:i];
            if(info != nil)
            {
                NSString *plot_no = info.plot_no.displayValue;
                [plotsBySelectedArray addObject:plot_no];
            }
        }
    }
    if(plotsBySelectedArray.count>0)
    {
        [self upLoadPlotNo:plotsBySelectedArray];
    }else
    {
        [StringHelper showMessageBox:@" 没有被选中的样地 !"];
    }
    [plotsBySelectedArray release];
}
// 上传样地
-(void) upLoadPlotNo:(NSMutableArray *)plotNoArray
{
    // 记录上传失败的样地号，在 -(void)parser:... 中调用
    uploadErrorPlot = [[NSMutableString alloc] init];
    selectUpLoadPlotNo=[[NSMutableArray alloc] init];
    // 记录没有验证通过的样地号
    logicCheckErrorMessage=[[NSMutableString alloc] init];
    hasLogicCheckMessage = NO;
    for(int i = 0;i<plotNoArray.count;i++)
    {
        NSString *plot= [plotNoArray objectAtIndex:i];
        // 逻辑验证
          NSMutableArray *isBusiPlots = (NSMutableArray *)[(UploadDataInfos *)self.
dataInfos doBusiValidate:plot];
        // 获取每木表个数
          NSInteger iEvertyTreeCount = [(UploadDataInfos *)self.dataInfos
getEveryTreeCount];
        // 表间逻辑检查
```

```
NSInteger naviCount = self.navigationController.viewControllers.count;
TableIndexController * tableIndexController = (TableIndexController *)[self.navigationController.viewControllers objectAtIndex:naviCount -2];
BOOL isBusiPlot1 = [[isBusiPlots objectAtIndex:0] boolValue];
BOOL isBusiPlot2 = [[isBusiPlots objectAtIndex:1] boolValue];
NSInteger plotNo = [[plotNoArray objectAtIndex:i] intValue];
BOOL isBusiPlot3 = [tableIndexController validateBusinessRules:YES:plotNo];
if(isBusiPlot1 && ((iEvertyTreeCount==0) ||(iEvertyTreeCount>0 && isBusiPlot2))&&isBusiPlot3)
{
  [selectUpLoadPlotNo addObject:plot];
}
else
{
  [logicCheckErrorMessage appendFormat:@"\n 样地 %@:",plot];
  hasLogicCheckMessage = YES;
  if(!isBusiPlot1)
  {
    [logicCheckErrorMessage appendString:@" “样地因子” \n"];
  }
  if(!isBusiPlot2)
  {
    [logicCheckErrorMessage appendString:@" “每木检尺” \n"];
  }
  if(!isBusiPlot3)
  {
    [logicCheckErrorMessage appendString:@" “表间逻辑关系” \n"];
  }
}
}
if (hasLogicCheckMessage)
{
  [logicCheckErrorMessage appendString:@" 没有通过逻辑检查，请修改后上传。"];
}
if(selectUpLoadPlotNo.count>0)
{
```

```
            [self showAlert];
            NSString *theFirstUploadPlot = [selectUpLoadPlotNo objectAtIndex:0];
            [self seleteAllDataForTableName:theFirstUploadPlot];
            currentUploadIndex = 0;
        }
        else
        {
            [StringHelper showMessageBox:logicCheckErrorMessage];
        }
    }
```

3.5 系统容错设计

3.5.1 出错信息

在程序代码中包含一些可遇见或者不可遇见的错误信息出现时候的统一警告。如字段输入检查。

出错信息表

错误分类	子项及其编码	错误名称	错误代码	备注
数据库错误	连接	连接超时	100001001	
		连接断开	100001002	
	数据库本身错误代码	数据库本身错误代码	100002+数据库错误代码	
TCP连接错误	连接	连接超时	100001003	
		服务器关闭	100001004	
……	……	……	……	……

3.5.2 补救措施

发现问题时要及时安排时间排查。

3.5.3 系统维护设计

单元测试，针对数据层、业务层都有独立的单元测试项目，数据层、业务层里的每个类及其类里的方法都有单元测试方法。

对于表现层，脚本和页面都是模块化分工，互相之间不影响，这就大大降低了维护的复杂性，方便查找问题原因。

按功能分工，每个功能都应用三层架构，方便以后扩展或移除功能。

第4章 数据库设计与数据建库

4.1 系统数据

◆ 表中英对照表（tableChineseName）

表中英对照表

字段名称	字段描述	字段类型	允许为空
name	表英文名	nvarchar（50）	Key not null
value	表中文名	nvarchar（50）	not null
isValidate	是否需要验证	bit	null

◆ 字段中英对照表（fieldChineseName）

字段中英对照表

字段名称	字段描述	字段类型	允许为空
tableName	表英文名	nvarchar（50）	Key not null
fieldName	字段英文名	nvarchar（50）	Key not null
value	字段中文名	nvarchar（50）	not null
isValidate	是否需要验证	bit	null

◆ 设备信息（deviceInfos）

设备信息表

字段名称	字段描述	字段类型	允许为空
deviceID	iPad设备号	nvarchar（50）	Key not null
deviceName	iPad设备名称	nvarchar（50）	not null
region	区域	nvarchar（100）	null
responsiblePerson	负责人	nvarchar（10）	null
company	单位	nvarchar（50）	null
phone	电话	nvarchar（20）	null
samplePlotIDs	关联样地ID	nvarchar（2000）	null

◆ GPS 信息（gpsInfos）

GPS信息表

字段名称	字段描述	字段类型	允许为空
plot_no	样地号	int	Key not null
seq	序号	int	Key not null
gps_x	GPS横坐标	decimal（18，10）	not null
gps_y	GPS纵坐标	decimal（18，10）	not null
startTime	开始时间	nvarchar（20）	not null
endTime	结束时间	nvarchar（20）	null

◆ 角色信息（role）

角色信息表

字段名称	字段描述	字段类型	允许为空
role_id	角色ID	nvarchar（30）	Key not null
contents	备注	nvarchar（30）	null
role_cname	角色名称	nvarchar（30）	not null
is_add	是否可新增	bit	not null
is_delete	是否可删除	bit	not null
is_alter	是否可修改	bit	not null
is_query	是否可查询	bit	not null

◆ 用户信息（user）

用户信息表

字段名称	字段描述	字段类型	允许为空
user_id	用户ID	nvarchar（30）	Key not null
user_name	用户别名	nvarchar（50）	not null
password	密码	nvarchar（50）	not null
role_id	角色ID	nvarchar（30）	Key not null
update_time	更新日期	datetime	null

◆ WebService 地址表（url）

WebService地址表

字段名称	字段描述	字段类型	允许为空
oid		int	Key not null
webserviceURL	服务地址	varbinary（MAX）	

◆ 日志表（log）

日志表

字段名称	字段描述	字段类型	允许为空
oid		int	Key not null
DeviceID	UDID	nvarchar（50）	
UpdateTime	上传时间	detetime	
Updatetype	上传类型	nvarchar（10）	
Message	日志信息	nvarchar（MAX）	

4.2 业务数据

◆ 广东植物图库（GDForestPlant）

广东植物图库记录表

字段名称	字段描述	字段类型	允许为空
ID	序号	int	
Family	科名	nvarchar（255）	
category	类别	nvarchar（255）	
species_group	树种组	nvarchar（255）	
cfi_code_pre	前期代码	nvarchar（255）	
cfi_code	连清代码	nvarchar（255）	
species	种名	nvarchar（255）	
alias	别名	nvarchar（255）	
life_style	生活型	nvarchar（255）	
leaf_style	叶型	nvarchar（255）	
leaf_order	叶序	nvarchar（255）	
leaf_vein	叶脉	nvarchar（255）	
leaf_shape	叶形	nvarchar（255）	
leaf_edge	叶缘	nvarchar（255）	
leaf_base	叶基	nvarchar（255）	
leaf_head	叶尖	nvarchar（255）	
stipule	托叶	nvarchar（255）	
milk	乳汁	nvarchar（255）	
gland	腺体	nvarchar（255）	
indumentum	毛被	nvarchar（255）	
bark	树皮	nvarchar（255）	
flower_shape	花形	nvarchar（255）	
flower_color	花色	nvarchar（255）	
flower_crown	花冠	nvarchar（255）	
fruit_shape	果形	nvarchar（255）	
fruit_style	果色	nvarchar（255）	
fruit_color	果色	nvarchar（255）	
xttz	形态特征	nvarchar（MAX）	
img_GX	干形	image	
img_ZY	枝叶	image	
img_H	花	image	
img_G	果	image	

◆ 大样地区划调查记录表（largeSamplePlot）

大样地区划调查记录表

字段名称	字段描述	字段类型	允许为空
plot_no	样地号	int	Key not null
land_no	地块号	int	Key not null
judge_landtype	判断地类	nvarchar（10）	null
true_landtype	验证地类	nvarchar（10）	null
adv_species	优势树种	nvarchar（10）	null
age_group	龄组	nvarchar（10）	null
crown_density	郁闭度	float	null
is_cropland_frst	是否非林地上森林	nvarchar（10）	null
comment	备注	nvarchar（100）	null

◆ 大样地区划调查底图勾绘（largeSamplePlotMap）

大样地区划调查底图勾绘表

字段名称	字段描述	字段类型	允许为空
plot_no	样地号	int	Key not null
img_map	地形图	image	

◆ 未成林造林地调查记录（plantingSiteResearch）

未成林造林地调查记录表

字段名称	字段描述	字段类型	允许为空
plot_no	样地号	int	Key not null
year	造林年度	smallint	null
age	苗龄	smallint	null
density	初植密度（株/hm^2）	smallint	null
survivaRatio	苗木成活率（%）	smallint	null
isWatering	抚育管护措施灌溉	bit	null
isAfterCulture	抚育管护措施补植	bit	null
isFertilize	抚育管护措施施肥	bit	null
isFoster	抚育管护措施抚育	bit	null
isProtect	抚育管护措施管护	bit	null

◆ 未成林造林地调查详细记录（树种组成）（plantingSiteDetailResearch）

未成林造林地调查详细记录（树种组成）表

字段名称	字段描述	字段类型	允许为空
plot_no	样地号	int	Key not null
seq	序号	smallint	Key not null
species	树种	nvarchar（10）	null
ratio	比例	smallint	null

◆ 下木调查（underwoodResearch）

下木调查表

字段名称	字段描述	字段类型	允许为空
oid		int	Key not null
plot_no	样地号	int	not null
vege_name	植被名称	nvarchar（10）	null
height	高度	float	null
dbh	胸径	float	null

◆ 业务逻辑验证规则（主）（businessValidateRule）

业务逻辑验证规则（主）表

字段名称	字段描述	字段类型	允许为空
oid	序号	int	Key not null
description	因子描述	nvarchar（50）	not null
error_info	错误信息	nvarchar（100）	not null
expression	条件表达式	nvarchar（200）	not null
is_valid	是否应用	bit	not null

◆ 业务逻辑验证规则（从）（businessValidateRuleDetail）

业务逻辑验证规则（从）表

字段名称	字段描述	字段类型	允许为空
oid	序号	int	Key not null
seq	序号	smallint	Key not null
left_parenthesis	左括号	nvarchar（5）	null
field	字段名	nvarchar（30）	not null
condition	条件运算符	nvarchar（5）	not null
value	值	nvarchar（50）	not null
right_parenthesis	右括号	nvarchar（5）	null
relation	关系运算符	nvarchar（5）	null

◆ 字段验证规则（主）（fieldValidateRule）

字段验证规则（主）表

字段名称	字段描述	字段类型	允许为空
table_name	表名	nvarchar（50）	Key not null
field_name	字段名	nvarchar（20）	Key not null
field_cname	字段中文名	nvarchar（20）	null
field_type	字段类型	nvarchar（15）	not null
is_edited	是否编辑	bit	not null
is_null	是否可为空	bit	not null
validate_type	验证类型	nvarchar（50）	not null
is_valid	是否应用MSSQL2005	bit	not null

◆ 字段验证规则（数字）（fieldValidateRuleNumber）

字段验证规则（数字）表

字段名称	字段描述	字段类型	允许为空
r_table_name		nvarchar（50）	Key not null
r_field_name		nvarchar（20）	Key not null
is_contain_min	是否包含最小值	bit	null
is_contain_max	是否包含最大值	bit	null
min_value	最小值	float	null
max_value	最大值	float	null
is_not_contain_value	不包含数值	nvarchar（100）	null
precision	精确小数位	int	null

◆ 字段验证规则（字符串）（fieldValidateRuleString）

字段验证规则（字符串）表

字段名称	字段描述	字段类型	允许为空
r_table_name		nvarchar（50）	Key not null
r_field_name		nvarchar（20）	Key not null
string_length	字符串最大长度	int	null
is_not_contain_string	不包含字符串	nvarchar（100）	null
string_format	字符串格式	nvarchar（20）	null

◆ 广东省行政区域代码表（regionCode）

广东省行政区域代码表

字段名称	字段描述	字段类型	允许为空
type	大类代码	nvarchar（10）	Key not null
sub_type	中类代码	nvarchar（10）	Key not null
reg_code	区域代码	nvarchar（10）	Key not null
reg_name	区域名称	nvarchar（50）	null

◆ 固定样地树种（组）代码表（factorDiffenceCode）

固字样地树种（组）代码表

字段名称	字段描述	字段类型	允许为空
type	大类代码	nvarchar（10）	Key not null
sub_type	中类代码	nvarchar（10）	Key not null
fac_cur_code	因子本期代码	nvarchar（10）	Key not null
far_last_code	因子前期代码	nvarchar（20）	null
far_name	因子名称	nvarchar（50）	null

◆ 样地调查因子代码表（factorCode）

样地调查因子代码表

字段名称	字段描述	字段类型	允许为空
type	大类代码	nvarchar（10）	Key not null
sub_type	中类代码	nvarchar（10）	Key not null
fac_code	因子代码	nvarchar（10）	Key not null
fac_name	因子名称	nvarchar（50）	null

◆ 大类（category）

大类表

字段名称	字段描述	字段类型	允许为空
type	大类代码	nvarchar（10）	Key not null
type_name	大类名称	nvarchar（50）	null

◆ 中类（subCategory）

中类表

字段名称	字段描述	字段类型	允许为空
type	大类代码	nvarchar（10）	Key not null
sub_type	中类代码	nvarchar（10）	Key not null
sub_type_name	中类名称	nvarchar（50）	null

◆ 跨角数据（spanAngleData）

跨角数据表

字段名称	字段描述	字段类型	允许为空
plot_no	样地号	int	Key not null
sa_seq	跨角序号	smallint	Key not null
area_ratio	面积比*100	float	null
land_type	地类	nvarchar（10）	null
land_owner	土地权属	nvarchar（10）	null
tree_owner	林木权属	nvarchar（10）	null
frst_cat	林种	nvarchar（10）	null
orgin	起源	nvarchar（10）	null
adv_species	优势树种	nvarchar（10）	null
age_group	龄组	nvarchar（10）	null
crown_density100	郁闭度*100	float	null
tree_height10	树高*10	float	null
cmmn_strct	群落结构	nvarchar（10）	null
frst_Cat_strct	树种结构	nvarchar（10）	null
comfrst_manage_lvl	商品林营级	nvarchar（10）	null

◆ 样地数据（samplePlotDData）

样地数据表

字段名称	字段描述	字段类型	允许为空
plot_no	1样地号	int	Key not null
plot_type	2样地类别	nvarchar（10）	null
plot_type_pre	2前期样地类别	nvarchar（10）	null
map_seq_no	3地形图幅号	nvarchar（20）	null
map_seq_no_pre	3前期地形图幅号	nvarchar（20）	null
ordinate	4纵坐标	int	null
ordinate_pre	4前期纵坐标	int	null
abscissa	5横坐标	int	null
abscissa_pre	5前期横坐标	int	null
gps_ordinate	6GPS纵坐标	int	null
gps_ordinate_pre	6前期GPS纵坐标	int	null
gps_abscissa	7GPS横坐标	int	null
gps_abscissa_pre	7前期GPS横坐标	int	null
county_code	8县代码	nvarchar（10）	null
county_code_pre	8前期县代码	nvarchar（10）	null
river_basin_code	9流域代码	nvarchar（10）	null
frst_zone	10林区	nvarchar（10）	null
climatic_zone	11气候带	nvarchar（10）	null
landform	12地貌	nvarchar（10）	null
landform_pre	12前期地貌	nvarchar（10）	null
altitude	13海拔	int	null
altitude_pre	13前期海拔	int	null
aspect	14坡向	nvarchar（10）	null
aspect_pre	14前期坡向	nvarchar（10）	null
slope_pos	15坡位	nvarchar（10）	null
slope_pos_pre	15前期坡位	nvarchar（10）	null
slope	16坡度	int	null
slope_pre	16前期坡度	int	null
soil_name	17土壤名称	nvarchar（10）	null
soil_name_pre	17前期土壤名称	nvarchar（10）	null
soil_thick	18土壤厚度cm	int	null
soil_thick_pre	18前期土壤厚度cm	int	null
huminit_thick	19腐殖厚度cm	int	null
huminit_thick_pre	19前期腐殖厚度cm	int	null
leaf_thick	20落叶厚度cm	float	null
leaf_thick_pre	20前期落叶厚度cm	float	null
bush_cover_degree	21灌木盖度%	int	null
bush_cover_degree_pre	21前期灌木盖度%	int	null

（续）

字段名称	字段描述	字段类型	允许为空
bush_avg_height	22灌木均高dm	float	null
bush_avg_height_pre	22前期灌木均高dm	float	null
herb_cover_degree	23草本盖度%	int	null
herb_cover_degree_pre	23前期草本盖度%	int	null
herb_avg_heigh	24草本均高dm	float	null
herb_avg_heigh_pre	24前期草本均高dm	float	null
vegeta_cover	25植被总盖度%	int	null
vegeta_cover_pre	25前期植被总盖度%	int	null
land_type	26地类	nvarchar（10）	null
land_type_pre	26前期地类	nvarchar（10）	null
vegeta_type	27植被类型	nvarchar（10）	null
vegeta_type_pre	27前期植被类型	nvarchar（10）	null
wetland_type	28湿地类型	nvarchar（10）	null
wetland_type_pre	28前期湿地类型	nvarchar（10）	null
wetland_protect_lvl	29湿地保护级	nvarchar（10）	null
wetland_protect_lvl_pre	29前期湿地保护级	nvarchar（10）	null
desert_type	30荒漠化类型	nvarchar（10）	null
desert_ext	31荒漠化程度	nvarchar（10）	null
sandficat_type	32沙化类型	nvarchar（10）	null
sandficat_type_pre	32前期沙化类型	nvarchar（10）	null
sandficat_ext	33沙化程度	nvarchar（10）	null
sandficat_ext_pre	33前期沙化程度	nvarchar（10）	null
rockificat_ext	34石漠化程度	nvarchar（10）	null
rockificat_ext_pre	34前期石漠化程度	nvarchar（10）	null
erosion_area_ratio	35侵蚀沟崩塌面积比	int	null
erosion_type	35侵蚀类型	nvarchar（10）	null
water_erosion	36土壤水蚀等级	nvarchar（10）	null
wind_erosion	37土壤风蚀等级	nvarchar（10）	null
and_owner	38土地权属	nvarchar（10）	null
land_owner_pre	38前期土地权属	nvarchar（10）	null
tree_owner	39林木权属	nvarchar（10）	null
tree_owner_pre	39前期林木权属	nvarchar（10）	null
frst_cat	40林种	nvarchar（10）	null
frst_cat_pre	40前期林种	nvarchar（10）	null
orgin	41起源	nvarchar（10）	null
orgin_pre	41前期起源	nvarchar（10）	null
adv_species	42优势树种	nvarchar（10）	null
adv_species_pre	42前期优势树种	nvarchar（10）	null
avg_age	43平均年龄	int	null

（续）

字段名称	字段描述	字段类型	允许为空
avg_age_pre	43前期平均年龄	int	null
age_group	44龄组	nvarchar（10）	null
age_group_pre	44前期龄组	nvarchar（10）	null
birth_date	45产期	nvarchar（10）	null
avg_dbh10	46平均胸径*10	float	null
avg_dbh10_pre	46前期平均胸径*10	float	null
avg_tree_height10	47平均树高*10	float	null
avg_tree_height10_pre	47前期平均树高*10	float	null
crown_density100	48郁闭度*100	float	null
crown_density100_pre	48前期郁闭度*100	float	null
frst_cmmn_strct	49森林群落结构	nvarchar（10）	null
frst_cmmn_strct_pre	49前期森林群落结构	nvarchar（10）	null
storey_strct	50林层结构	nvarchar（10）	null
storey_strct_pre	50前期林层结构	nvarchar（10）	null
essence_strct	51树种结构	nvarchar（10）	null
essence_strct_pre	51前期树种结构	nvarchar（10）	null
naturalness	52自然度	nvarchar（10）	null
naturalness_pre	52前期自然度	nvarchar（10）	null
accessibility	53可及度	nvarchar（10）	null
accessibility_pre	53前期可及度	nvarchar（10）	null
prj_type	54工程类别	nvarchar（10）	null
prj_type_pre	54前期工程类别	nvarchar（10）	null
frst_type	55森林类别	nvarchar（10）	null
frst_type_pre	55前期森林类别	nvarchar（10）	null
cmmw_frst_right_lvl	56公益林权等级	nvarchar（10）	null
cmmw_frst_right_lvl_pre	56前期公益林权等级	nvarchar（10）	null
cmmw_frst_protect_lvl	57公益林保护级	nvarchar（10）	null
cmmw_frst_protect_lvl_pre	57前期公益林保护级	nvarchar（10）	null
cmmd_frst_manage_lvl	58商品林经营级	nvarchar（10）	null
cmmd_frst_manage_lvl_pre	58前期商品林经营级	nvarchar（10）	null
frst_disaster_type	59森林灾害类型	nvarchar（10）	null
frst_disaster_type_pre	59前期森林灾害类型	nvarchar（10）	null
frst_disaster_lvl	60森林灾害等级	nvarchar（10）	null
frst_disaster_lvl_pre	60前期森林灾害等级	nvarchar（10）	null
frst_health_lvl	61森林健康等级	nvarchar（10）	null
frst_health_lvl_pre	61前期森林健康等级	nvarchar（10）	null
frst_function_lvl	62森林功能等级	nvarchar（10）	null
frst_function_idx	63森林功能指数	float	null
cut_tree_count	64四旁树株数	int	null

（续）

字段名称	字段描述	字段类型	允许为空
cut_tree_count_pre	64前期四旁树株数	int	null
mobam_stand_count	65毛竹林分株数	int	null
mobam_stand_count_pre	65前期毛竹林分株数	int	null
mobam_sanson_count	66毛竹散生株数	int	null
mobam_sanson_count_pre	66前期毛竹散生株数	int	null
otbam_count	67杂竹株数	int	null
otbam_count_pre	67前期杂竹株数	int	null
nat_regen_lvl	68天然更新等级	nvarchar（10）	null
nat_regen_lvl_pre	68前期天然更新等级	nvarchar（10）	null
langrp_area_lvl	69地类面积等级	nvarchar（10）	null
langrp_area_lvl_pre	69前期地类面积等级	nvarchar（10）	null
langrp_change_reason	70地类变化原因	nvarchar（10）	null
langrp_change_reason_pre	70前期地类变化原因	nvarchar（10）	null
is_speic_deal	71有无特殊对待	nvarchar（10）	null
is_speic_deal_pre	71前期有无特殊对待	nvarchar（10）	null
samtree_total_count	72样木总株数	int	null
samtree_total_count_pre	72前期样木总株数	int	null
standtree_accm	73活立木蓄积	float	null
standtree_accm_pre	73前期活立木蓄积	float	null
frstree_accm	74林木蓄积	float	null
sanson_accm	75散生木蓄积	float	null
cutree_accm	76四旁树蓄积	float	null
fallen_accm	77枯损木蓄积	float	null
cut_accm	78采伐木蓄积	float	null
silviculture_situation	79造林地情况	nvarchar（10）	null
bring_up_situation	80抚育状况	nvarchar（10）	null
bring_up_measure	81抚育措施	nvarchar（10）	null
prj_build_step	82工程建设措施	nvarchar（10）	null
prj_build_step_pre	82前期工程建设措施	nvarchar（10）	null
is_cropland_frst	83是否非林地上森林	nvarchar（10）	null
is_cropland_frst_pre	83前期是否非林地上森林	nvarchar（10）	null
frst_water_lvl	84森林抗火等级	nvarchar（10）	null
frst_flood_lvl	85森林调洪等级	nvarchar（10）	null
economic_region	86经济区	nvarchar（20	null
economic_forest_dbh	87经济林平均地径	float	null
economic_trees_count	88经济林木株数	int	null
young_trees_total	89人工乔木幼树株数	int	null
research_date	90调查日期	nvarchar（255）	null
research_date_pre	90调查日期	nvarchar（255）	null

（续）

字段名称	字段描述	字段类型	允许为空
samtree_locate_point	91样木定位点	nvarchar（10）	null
samtree_locate_point_pre	91前期样木定位点	nvarchar（10）	null
little_plot_position	92小样方2m×2m位置	nvarchar（50	null
plot_photo_A	92样地照片A	image	null
plot_photo_B	93样地照片B	image	null
isBusiValidate	样地数据业务逻辑是否通过	int	null
isBusiValidate2	每木检尺业务逻辑是否通过	int	null

◆ 引线测量（leadLineMeasure）

引线测量表

字段名称	字段描述	字段类型	允许为空
plot_no	样地号	int	Key not null
ms_no	序号	smallint	Key not null
station	测站	nvarchar（20）	null
azimuth	方位角	decimal（5，1）	null
angle	倾斜角	decimal（5，1）	null
inc_distance	斜距	decimal（6，1）	null
distance	水平距	decimal（6，1）	null
total_len	累计	decimal（6，1）	null
comments	备注	nvarchar（20）	null

◆ 周界测量（perimeterMeasure）

周界测量表

字段名称	字段描述	字段类型	允许为空
plot_no	样地号	int	Key not null
ms_no	序号	smallint	Key not null
station	测站	nvarchar（20）	null
azimuth	方位角	decimal（5，1）	null
angle	倾斜角	decimal（5，1）	null
inc_distance	斜距	decimal（6，1）	null
distance	水平距	decimal（6，1）	null
total_len	累计	decimal（6，1）	null
comments	备注	nvarchar（20）	null

◆ 周界测量误差（perimeterMeasureError）

周界测量误差表

字段名称	字段描述	字段类型	允许为空
plot_no	样地号	Int	Key not null
Abs_closure_error	绝对闭合差	float	null
Rel_closure_error	相对闭合差	float	null
Perimeter_error	周长误差	float	null

◆ 植被调查（vegetationResearch）

植被调查表

字段名称	字段描述	字段类型	允许为空
plot_no	样地号	int	null
vege_type	植被类型	smallint	null
vege_name	植被名称	nvarchar（10）	null
avg_height	平均高（m）	null	null
coverage	覆盖度%	smallint	null
tree_count	株数（只有灌木有用）	smallint	null
avg_landdia	平均地径（只有灌木有用）	float	null
oid		int	Key not null

◆ 引点位置（leadPointposition）

引点位置表

字段名称	字段描述	字段类型	允许为空
plot_no	样地号	int	Key not null
lp_type	引点方式	smallint	null
xy_azimuth	坐标方位角	decimal（5，1）	null
mg_azimuth	磁方位角	decimal（5，1）	null
ll_distance	引线距离	decimal（6，1）	null
needle_error	罗差	decimal（4，1）	null
gps_ordinate	GPS纵坐标	int	null
gps_abscissa	GPS横坐标	int	null
lp_image	图片数据	image	null
lp_comments	引点特征说明	nvarchar（200）	null

◆ 引点定位物（leadPointLocator）

引点定位物表

字段名称	字段描述	字段类型	允许为空
plot_no	样地号	int	Key not null
obj_no	编号	smallint	Key not null
obj_name	定位物名称	nvarchar（20）	null
obj_azimuth	方位角	decimal（5，1）	null
obj_distance	水平距	decimal（6，1）	null
obj_comments	备注	nvarchar（20）	null

◆ 样木位置（sampleTreePosition）

样木位置表

字段名称	字段描述	字段类型	允许为空
plot_no	样地号	int	Key not null
pos_image	图片数据	image	null
flag_comments	固定标志说明	nvarchar（250）	null

◆ 样地定位物（samplePlotLocator）

样地定位物表

字段名称	字段描述	字段类型	允许为空
plot_no	样地号	int	Key not null
obj_no	编号	smallint	Key not null
obj_name	定位物名称	nvarchar（20）	null
obj_azimuth	方位角	decimal（5，1）	null
obj_distance	水平距	decimal（6，1）	null
obj_comments	备注	nvarchar（20）	null

◆ 样地位置（samplePlotPosition）

样地位置表

字段名称	字段描述	字段类型	允许为空
plot_no	样地号	int	Key not null
plot_comments	样地特征说明	nvarchar（200）	null
plot_image	手绘图	image	null
plot_photo	照片	image	null

◆ 样地变化（samplePlotChange）

样地变化表

字段名称	字段描述	字段类型	允许为空
plot_no	样地号	int	Key not null
change_type	变化项目	smallint	Key not null
landtype_f	前期为	nvarchar（16）	null
landtype_c	本期为	nvarchar（16）	null
change_cause	变化原因	nvarchar（20）	null
comments	有无特殊对待及说明	nvarchar（100）	null
comments2	其他有关说明	nvarchar（100）	null

◆ 天然更新（naturalRenew）

天然更新表

字段名称	字段描述	字段类型	允许为空
plot_no	样地号	int	not null
species	树种	nvarchar（12）	null
short_num	高<30cm株数	smallint	null
mid_num	高30–50cm株数	smallint	null
tall_numi	高>=50cm株数	smallint	null
health	健康状况	nvarchar（10）	null
destroy	破坏情况	nvarchar（10）	null
oid		int	Key not null

◆ 平均样木调查记录（treeHeightMeasure）

平均样木调查记录表

字段名称	字段描述	字段类型	允许为空
plot_no	样地号	int	Key not null
tree_no	样木号	smallint	Key not null
dom_species	树种	nvarchar（6）	null
dbh	胸径	float	null
height	树高	float	null
tree_low_height	枝下高（m）	float	null
crowndia_avg	冠幅（平均）	float	null
crowndia_ew	冠幅（东西向）	float	null
crowndia_sn	冠幅（南北向）	float	null

◆ 森林灾害（forestDisaster）

森林灾害表

字段名称	字段描述	字段类型	允许为空
plot_no	样地号	int	Key not null
seq_no	序号	smallint	Key not null
disaster_type	灾害类型	smallint	null
disaster_pos	危害部位	nvarchar（10）	null
disaster_num	受害样木株数%	smallint	null
disaster_class	受害等级	smallint	null

◆ 人员记录（staff）

人员记录表

字段名称	字段描述	字段类型	允许为空
plot_no	样地号	int	not null
stuff_type	人员类型	nvarchar（10）	null
stuff_name	姓名	nvarchar（10）	null
stuff_orgn	工作单位	nvarchar（40）	null
stuff_addr	地址	nvarchar（40）	null
stuff_tele	电话	nvarchar（20）	null
oid		int	Key not null

◆ 卡片封面（samplePlot）

卡片封面表

字段名称	字段描述	字段类型	允许为空
plot_no	样地号	int	Key not null
adm_code	行政编码	nvarchar（6）	null
for_code	林业编码	nvarchar（6）	null
city	地市州名	nvarchar（20）	null
county	县（区）名	nvarchar（20）	null
town	乡（镇）名	nvarchar（20）	null
village	村名	nvarchar（20）	null
place_name	小地名	nvarchar（20）	null
for_bureau	林业局名	nvarchar（20）	null

（续）

字段名称	字段描述	字段类型	允许为空
prot_zone	保护区名	nvarchar（20）	null
for_park	森林公园	nvarchar（20）	null
stat_farm	国有林场	nvarchar（20）	null
coll_farm	集体林场	nvarchar（20）	null
start_time	出发时间	nvarchar（255）	null
found_time	找到时间	nvarchar（255）	null
end_time	结束时间	nvarchar（255）	null
return_time	返回时间	nvarchar（255）	null
insp_date	检查日期	nvarchar（255）	null
isChange	是否改变	bit	null

◆ 荒（石）漠化（desertification）

荒（石）漠化表

字段名称	字段描述	字段类型	允许为空
plot_no	样地号	int	Key not null
value1	调查值1	nvarchar（16）	null
grade1	等级1	smallint	null
value2	调查值2	smallint	null
grade2	等级2	smallint	null
value3	调查值3	smallint	null
grade3	等级3	smallint	null
value4	调查值4	smallint	null
grade4	等级4	smallint	null
value5	调查值5	smallint	null
grade5	等级5	smallint	null
tot_grade	综合评定	smallint	null

◆ 每木检尺表（everyTreeMessure）

每木检尺表

字段名称	字段描述	字段类型	允许为空
plot_no	样地号	int	Key not null
tree_no	样木号	int	Key not null
tree_type	立木类型	nvarchar（10）	null
azimuth	方位角	float	null
distance	水平距（m）	float	null
tally_pre	前期检尺类型	nvarchar（10）	null
tally_cur	本期检尺类型	nvarchar（10）	null
species	树种	nvarchar（10）	null
dbh_pre	前期胸径（cm）	float	null
dbh_cur	本期胸径（cm）	float	null
manage_type	采伐管理类型	nvarchar（10）	null
frst_layer	林层	nvarchar（10）	null
span_angle_seq	跨角地类序号	int	null
bamboo_age	竹度	nvarchar（10）	null
comments	备注	nvarchar（100）	null

◆ 遥感验证样地调查记录（verifiSampleplotResearch）

遥感验证样地调查记录表

字段名称	字段描述	字段类型	允许为空
plot_no	样地号	int	Key not null
land_type	地类	nvarchar (10)	null
vegeta_type	植被类型	nvarchar (10)	null
species	优势树种（组）	nvarchar (10)	null
age_group	龄组	nvarchar (10)	null
crown_density100	郁闭度	real	null
wetland_type	湿地类型	nvarchar (10)	null
sandficat_type	沙化类型	nvarchar (10)	null
sandficat_ext	沙化程度	nvarchar (10)	null
desert_ext	石漠化程度	nvarchar (10)	null

◆ 杂竹样方调查记录表（otbamsampleResearch）

杂竹样方调查记录表

字段名称	字段描述	字段类型	允许为空
plot_no	样地号	int	Key not null
seq	样方编号	int	Key not null
tree_count	株数	int	null
avg_brow_len	平均胸径（cm）	float	null
avg_tree_low_height	平均枝下高（m）	float	null
avg_ban_height	平均竹高（m）	float	null
ban_type	竹种类型	nvarchar (10)	null
ban_species	竹种	nvarchar (10)	null

4.3 空间数据

4.3.1 基本处理

4.3.1.1 单幅地形图纠正

将单幅 1 ： 50000 地形图扫描，按 1km × 1km 公里网选择控制点进行精确纠正。

4.3.1.2 拼接

以县（市、区）为单位，将纠正好的单幅地形图拼接起来。可以在 Geoway 中操作，也可以在 ERDAS 或其他软件中操作。

4.3.1.3 投影转换

将拼接好的地图从 1954 年北京坐标系重投影到 WGS84 坐标系。

4.3.2 建立影像金字塔缓存切片

4.3.2.1 建立地图文档

在 ArcMap 中，打开处理好的影像，然后保存地图文档，以便发布地图服务所用。

4.3.2.2 发布地图服务

在 ArcMap 中，打开地图文档，点击“发布到 ArcGIS Server”，点击下一步，选择默认选项，可以将地图文档发布到 ArcGIS Server。也可以在 ArcCatlog 中的 GIS 服务器中添加新服务，将地图文档发布到 ArcGIS Server。

4.3.2.3 建立影像金字塔缓存切片

打开 ArcCatlog 的 GIS 服务器，找到发布的地图服务，点击右键－－〉“服务属性”，选择“使用将在下方定义的缓存中的分块”，点击“建议”按钮，定义比例级别（可以根据地图比例尺和要显示的地图大小来定），存储格式选择“紧凑”，点击“创建分块 ...”按钮，这样就会在默认缓存目录 c:\arcgisserver\arcgiscache 中创建地图缓存切片。

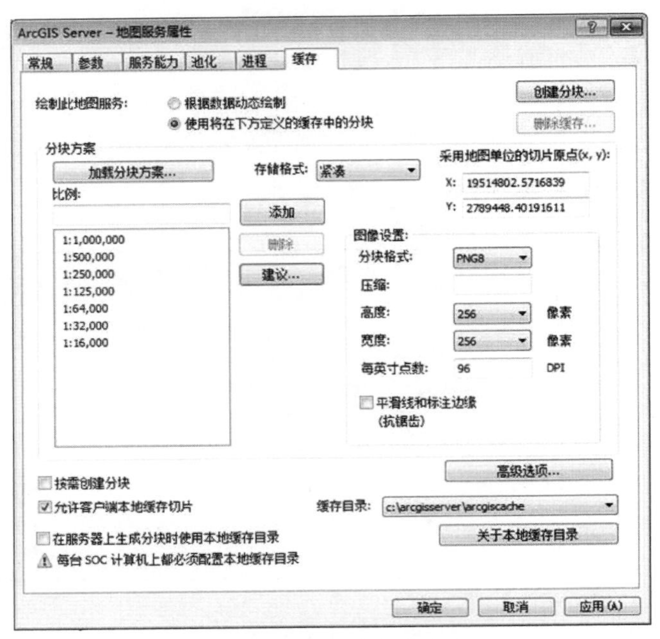

建立影像金字塔缓存切片界面图

4.4 数据建库

4.4.1 服务器端数据库

服务器端采用 Microsoft SQL Server 2005。Microsoft SQL Server 2005 是一个全面的数据库平台，使用集成的商业智能 (BI) 工具提供了企业级的数据管理。Microsoft SQL Server 2005 数据库引擎为关系型数据和结构化数据提供了更安全可靠的存储功能，可以构建和管理用于业务的高可用和高性能的数据应用程序。

4.4.2 客户端数据库

iPad 端采用 SQLite。SQLite 是一款轻型的数据库，是遵守 ACID 的关联式数据库管理系统，它的设计目标是嵌入式的，而且目前已经在很多嵌入式产品中使用了它，它占用资源非常低，非常适合在嵌入式设备中使用。

由于地图数据经过建立缓存切片后，文件数较多，数据量较大。因此，地图数据没有放在数据库中，是以县为单位存放在客户端应用程序的地图文件夹中。

第5章 系统功能

5.1 数据采集客户端

5.1.1 系统初始化界面

初始化界面

◆ 输入样地号。点击输入样地号文本框，弹出数字键盘，输入样地号，可进入系统。若输入的样地号不正确，系统会提示“该样地编号不存在！也许该样地不属于你的作业范围！”。

样地表目录

◆ 样地表目录。列出所要调查的内容及导航定位、数据管理功能。

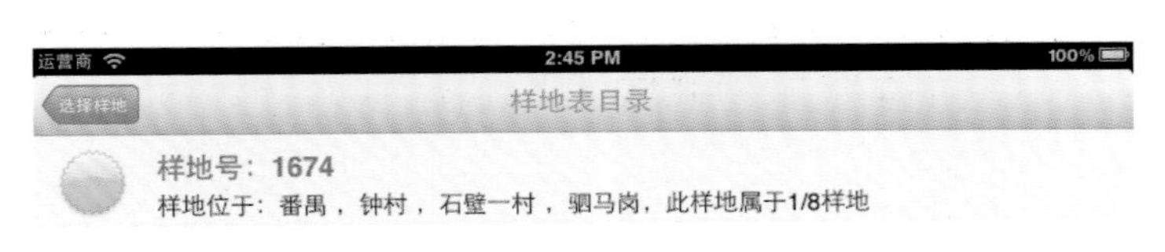

八分之一样地信息显示界面

◆ 八分之一样地。若样地属于八分之一样地，则系统会以红色提示，并在样地大概位置说明中提示“此样地属于1/8样地”

5.1.2 导航定位

5.1.2.1 GPS导航定位

◆ 关闭飞行模式。在iPad的设置中，在左边列表中将飞行模式设置为关闭状态。

◆ 打开定位服务。在iPad的设置中，在左边列表中选择定位服务，在右边界面中将定位服务设置为开启状态，并在下面的应用程序列表中找到“一类清查2012”，也设置为开启状态，只有设置为开启状态，本系统才能在野外定位，否则，无法定位。

◆ 当前位置。在地图中，蓝色实心圆就是当前所在位置。

◆ 红色圆圈是目标点（默认设置是上期GPS记录的样地位置）。

◆ 当前位置及导航信息显示。在室外进行导航时，一般30秒左右，屏幕下方就会显示正确的位置及导航信息。显示信息主要有：当前位置的经纬度坐标和北京1954坐标，样地位置的经纬度坐标（按上期GPS坐标自动换算）和北京1954坐标，距离该样地（上期GPS坐标）的直线距离，以公里为单位。

◆ 导航模式。系统有3种导航模式，分别是默认模式、导航模式、指北导航模式(地图会按实际方向自动旋转，但方向有时不是十分准确)。

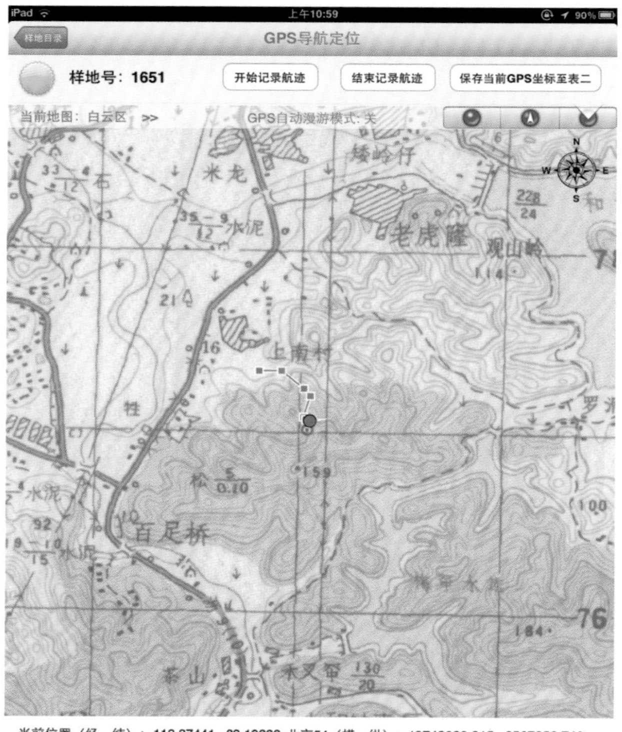

GPS导航定位界面

iPad定位服务设置界面

GPS导航定位（指北导航模式）

◆ 开始记录航迹。点击“开始记录航迹”按钮，系统开始记录航迹，若此界面一直处于工作状态，则每隔 150m 记录一个点；若 iPad 在锁定、解锁之后又进入工作状态，则系统会在当前位置记录一个航迹点，这个点距离上一个点有可能超过 150m，也可能小于 150m。因此，在使用导航时，尽量使 iPad 不要锁定。

◆ 结束记录航迹。点击“结束记录航迹”按钮，系统会将采集的航迹保存。

◆ 显示航迹。系统会将采集的航迹实时显示出来。在下次再进入该样地的导航页面时，也会将先前采集的航迹显示出来。

◆ 修正上期 GPS 坐标。当到达样地并找到西南角时，若发现当前位置和上期记录的 GPS 样地位置偏移很大，经反复确认当前 GPS 坐标准确无误后，应使用屏幕右上角的“保存当前 GPS 坐标至表二”按钮，以纠正上期 GPS 坐标，将正确的 GPS 坐标自动记录到表二，当使用此功能时，系统会再一次提示信息“您确定要保存当前 GPS 坐标到样地因子调查记录表并修改坐标信息吗？”。

◆ 切换地图。点击“当前地图：白云区 >>”，会弹出地图选择列表，选择一个县（市、区），系统切换到你选择的县（市、区）的地图。若一个县（市、区）跨带，则事先应分带存放地图。

◆ 锁定状态下 GPS 不工作。若 iPad 长时间（可以在设置—通用—自动锁定中调整锁定时间，一般是 2 ～ 15min，可自行设定，也可设置为永久不锁定）没有操作，则

iPad自动转为锁定状态，这时，一切应用程序都会暂停，因此，这时，系统是不会记录航迹的。

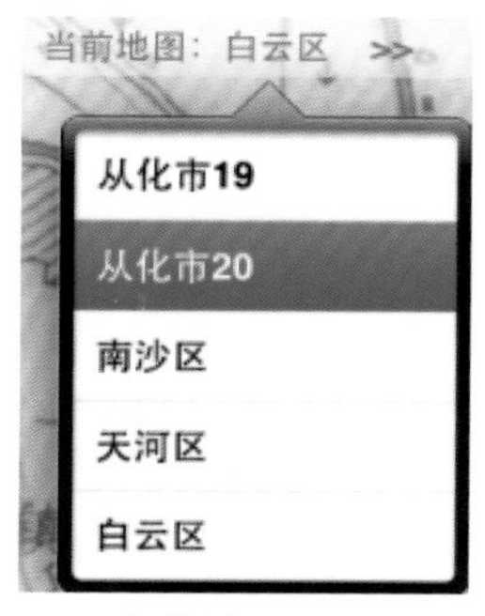

切换地图界面

iPad锁定设置

◆ 关于WGS84—BJ54坐标转换参数。本系统已将广东省各地的WGS84—BJ54坐标转换参数输入，会根据地图所在的县（市、区）自动选择坐标转换参数，因此，无需手工输入坐标转换参数。

5.1.2.2 指南针

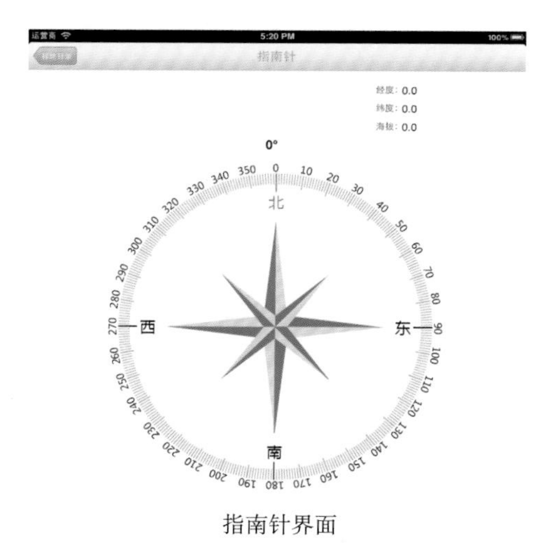

指南针界面

◆ 内置数字指南针的工作方式类似于磁针指南针。数字指南针应仅用于基本导航帮助，不能完全依赖它来确定精确的方向。数字指南针指向的精确度受磁性或其他环境干扰影响，有时可能需要校准。

◆ 在“地图”或其他应用程序中使用指南针功能时，可能会看到该信息“请远离干扰源，或以 8 字形晃动来重新校准指南针”，这时，请以 8 字形晃动设备，直到校准屏幕消失为止。

◆ 某些区域的磁性干扰会比其他区域更强。例如，汽车仪表盘可能具有高强度的磁性干扰。如果要在汽车中使用设备，请勿以 8 字形晃动设备来校准，而应忽略校准信息。设备最终会在几次尝试之后重新校准。请注意，当您在驾驶时设备可能需要定期重新校准，这取决于周围的磁性干扰程度。

◆ 更新或恢复设备后，您可能注意到重新校准警告更加频繁地出现。这是正常现象，因为要重新创建校准数据库。当您校准设备上的多个位置后，警告出现的频率会随时间而减少。

◆ 空间位置信息显示。在屏幕右上方可以显示当前位置的经度、纬度、海拔等空间位置信息。

5.1.3 调查卡片封面

5.1.3.1 卡片封面

运营商 11:25 AM 100%

样地目录 样地调查记录

样地号：1651

总体名称：	广东省	样地间距：	6*8km
样地形状：	方形	样地面积(公顷)：	0.0667
地理纵坐标：	2577	地理横坐标：	19741
地形图图幅号：	6-49-35-Z	卫片号：	
地方行政编码：	440103	林业行政编码：	103
市：	广州市	林业企业局：	
县(市、区)：	白云区	自然保护区：	
乡(镇)：	太和	森林公园：	
村：	上南村（百足桥...	国有林场：	
小地名：	百足桥、米龙村	集体林场：	
驻地出发时间：	2012/07/12 10:30...	找到样点标庄时间：	2012/07/12 11:25...
样地调查结束时间：	2012/07/12 16:31...	返回驻地时间：	2012/07/12 17:00...
检查日期：	2012/08/14 16:28...		

卡片封面界面

◆ 文本型数据手写录入。点击文本型数据的输入框，在屏幕下方会弹出输入界面，点击最下一排左起第 2 个按钮（类似地球），可以切换输入法，将输入法切换到手写输入，即可以下面中间的面板上进行手写输入，写完一个字后，在右边选择确认。若不正确，可以左边上排左起第 2 个按钮进行重写。

文本型数据手写录入界面

◆ 文本型数据拼音录入。点击文本型数据的输入框，在屏幕下方会弹出输入界面，点击最下一排左起第 2 个按钮（类似地球），可以切换输入法，将输入法切换到拼音输入，输入一个字后，会有联想功能。

文本型数据拼音录入界面

◆ 中文符号录入。点击文本型数据的输入框，在屏幕下方会弹出输入界面，点击最下一排左起第 2 个按钮（类似地球），可以切换英文和汉语拼音状态，然后再点击最下一排左起第 1 个按钮，将输入法切换到中文符号。

中文符号录入界面

◆ 英文符号录入。点击文本型数据的输入框，在屏幕下方会弹出输入界面，点击最下一排左起第 2 个按钮(类似地球)，可以切换英文和汉语拼音状态，然后再点击最下一排左起第 1 个按钮，将输入法切换到英文符号。

英文符号录入界面

◆ 数字型数据录入。点击数字型数据的输入框，会弹出数字键盘输入界面，右列第 1 行是减号。“Del” 是删除键，按 “Del” 键可删除该编辑框中的所有内容。右列第 3 行是退格键，按退格键只是删除该编辑框中最右边的一个字符。右列第 4 行的按钮功能是收起当前面板。

数字型数据录入界面

◆ 日期型数据录入。点击日期型数据的输入框，会弹出日期型数据输入界面，在左边第 1 列选择年 — 月 — 日，第 2 列选择时钟，第 3 列选择分钟，第 4 列选择上午 (AM) 或下午 (PM)。

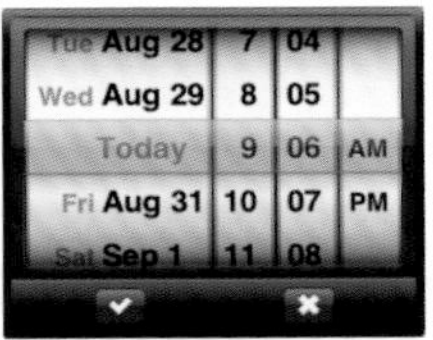

日期型数据录入界面

5.1.3.2 工作人员表

◆ 工作人员信息输入。对于工作人员

数据输入。

◆ 自动记忆。对于工作人员的姓

记忆功能，以便以下次用枚举型输入。

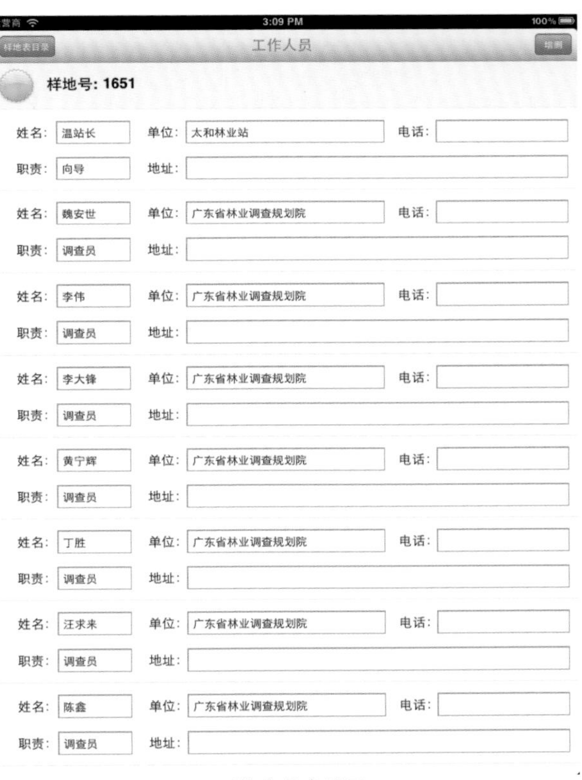

工作人员表界面

5.1.4 样地定位与测设

5.1.4.1 引点位置图

引点位置图界面

◆ 引点定位物（树）输入。点击屏幕右上角的“增删”按钮，可增加或删除引点定位物（树）。

◆ 引点位置图编辑。点击“编辑图”按钮，可进入样地引点位置图编辑界面进行编辑。

◆ 图像编辑。在最下面一排按钮中，可以选择画笔的粗细、颜色，也可以按“重复”、“撤消”按钮，对图像进行编辑。

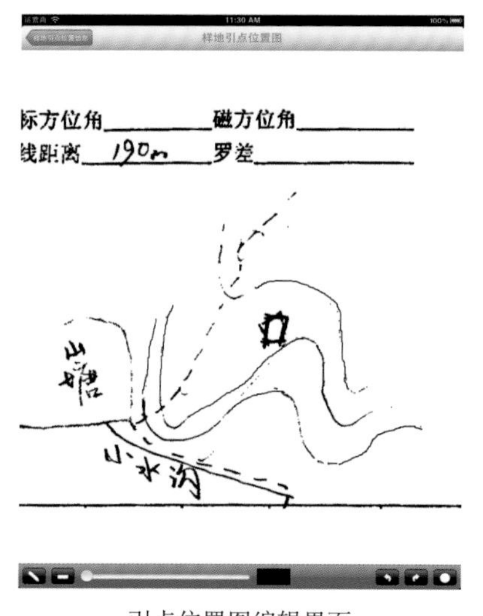

引点位置图编辑界面

5.1.4.2 样地位置图

◆ 样地西南角定位物（树）输入。点击屏幕右上角的“增删”按钮，可增加或删除样地西南角定位物（树）。

◆ 样地位置图编辑。点击“编辑图”按钮，可进入样地位置图编辑界面进行编辑。

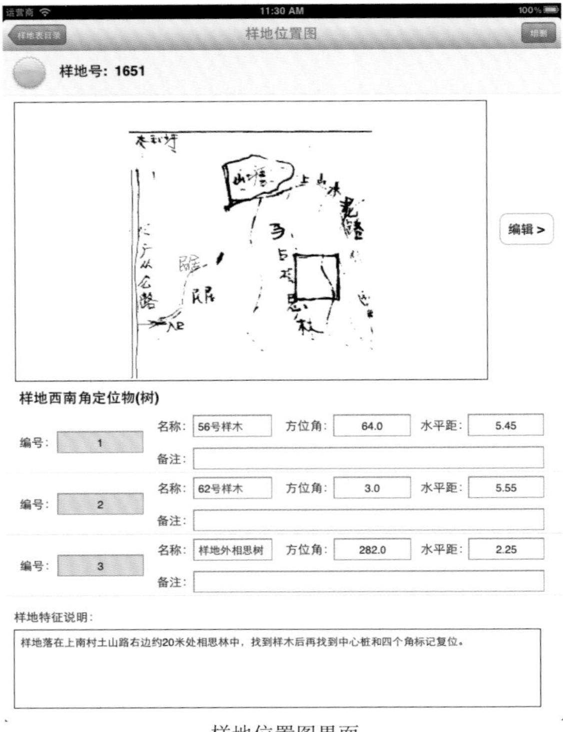

样地位置图界面

5.1.4.3 引线测量

◆ 数据输入。按“增删”按钮，可增加、删除样地引线测量记录。

◆ 水平距自动计算。系统可根据倾斜角和斜距自动计算水平距。

◆ 水平距自动累加。系统可自动累加水平距。

引线测量界面

5.1.4.4 样地周界测量

◆ 数据输入。按“增删”按钮，可增加、删除样地周界测量记录。

◆ 水平距自动计算。系统可根据倾斜角和斜距自动计算水平距。

◆ 水平距自动累加。系统可自动累加水平距。

◆ 相对闭合差和周长误差自动计算。系统可根据绝对闭合差自动计算相对闭合差，根据累计水平距自动计算周长误差。

样地周界测量界面

5.1.5 样地因子调查

样地因子调查界面

◆ 蓝色文字和代码表示前期数据，是只读的，不能编辑。

◆ 红色文字和代码表示本次录入的调查数据。

◆ 在空白处向上拖动页面，可以显示更多的页面内容。

◆ 数据输入。进入此界面，首先应确定地类并输入，这时系统会根据地类自动设置哪些因子必须填写（白色的文本框），哪些因子可填可不填（绿色的文本框，对这些因子，视样地实际情况，有就填写，没有可以不填），哪些因子不用填写（灰色的文本框）。

◆ 枚举型数据。这个界面中，将出现大量的枚举型数据，例如样地类别、地貌、坡向、土地类型、植被类型、湿地类型、湿地保护等级、沙化类型、沙化程度、石漠化程度等。对于枚举型数据，当点击编辑框时，系统会弹出该因子的所有代码和名称列表，用户只需选择即可输入。如下图所示。

枚举型数据界面

◆ GPS 纵、横坐标。如果在导航页面中使用了“保存当前 GPS 坐标至表二”按钮，则本页面中的 GPS 纵、横坐标将会被改变。

◆ 优势树种、平均胸径。在录入每木检尺记录（表四）后，系统会自动计算优势树种及其平均胸径，并填写到样地因子调查表（表二）。

◆ 平均树高。在录入平均样木调查记录（表六）后，系统会自动计算平均树高并填写到样地因子调查表（表二）。

◆ 样木总株数。在录入每木检尺记录（表四）后，系统会自动计算样木总株数并填写到样地因子调查表（表二）。

◆ 样木定位点。是指对样木进行方位角和距离的测量时，罗盘所在的位置。必须正确输入，否则，样木的方位角、距离及其位置示意图就会出错。

◆ 拍摄样地照片。点击“照片 A”或“照片 B”按钮，进入拍照页面，在屏幕下方中间会出现一个照相机的按钮。

◆ 拍摄。点击照相机按钮，会进行拍摄界面，可以调整取景范围，在屏幕下方会出现两个按钮，中间的按钮是拍摄，左边的按钮是取消。

◆ 前后摄像头转换。在屏幕右上角会有图标 ，可以进行前后摄像头的转换。

◆ 拍摄完成后可以点击“Use”应用，也可点击“Retake”重新拍摄。

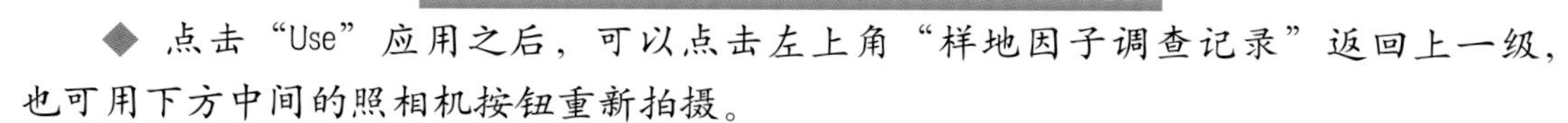

◆ 点击“Use”应用之后，可以点击左上角“样地因子调查记录”返回上一级，也可用下方中间的照相机按钮重新拍摄。

样地照片拍摄界面

◆ 拍摄的相片要能够反映样地的标志性特征，方便下期调查人员寻找该样地。

5.1.6 跨角林调查

跨角林调查界面

◆ 跨角林调查表中的因子与样地因子中的填写方法一样。

◆ 删除跨角林。点击“删除跨角林”按钮，可删除跨角林调查记录。

5.1.7 每木检尺记录

5.1.7.1 每木检尺列表

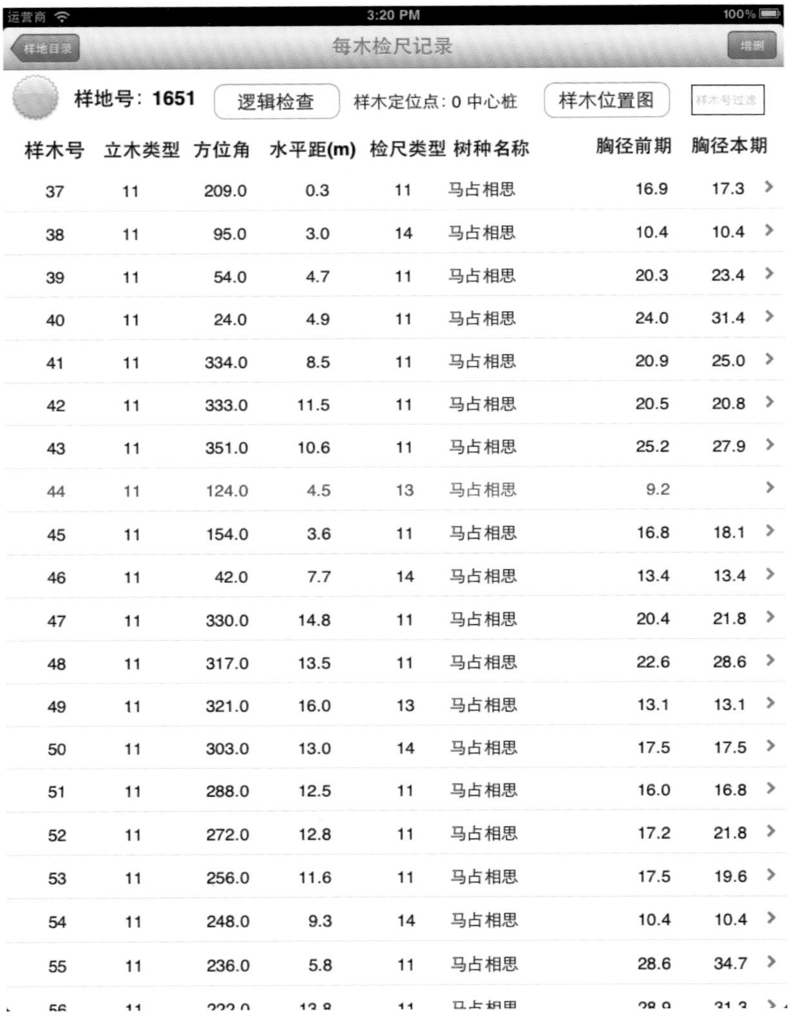

运营商 3:20 PM 100%

样地目录 每木检尺记录 增删

样地号：1651 逻辑检查 样木定位点：0 中心桩 样木位置图 样木号过滤

样木号	立木类型	方位角	水平距(m)	检尺类型	树种名称	胸径前期	胸径本期
37	11	209.0	0.3	11	马占相思	16.9	17.3
38	11	95.0	3.0	14	马占相思	10.4	10.4
39	11	54.0	4.7	11	马占相思	20.3	23.4
40	11	24.0	4.9	11	马占相思	24.0	31.4
41	11	334.0	8.5	11	马占相思	20.9	25.0
42	11	333.0	11.5	11	马占相思	20.5	20.8
43	11	351.0	10.6	11	马占相思	25.2	27.9
44	11	124.0	4.5	13	马占相思	9.2	
45	11	154.0	3.6	11	马占相思	16.8	18.1
46	11	42.0	7.7	14	马占相思	13.4	13.4
47	11	330.0	14.8	11	马占相思	20.4	21.8
48	11	317.0	13.5	11	马占相思	22.6	28.6
49	11	321.0	16.0	13	马占相思	13.1	13.1
50	11	303.0	13.0	14	马占相思	17.5	17.5
51	11	288.0	12.5	11	马占相思	16.0	16.8
52	11	272.0	12.8	11	马占相思	17.2	21.8
53	11	256.0	11.6	11	马占相思	17.5	19.6
54	11	248.0	9.3	14	马占相思	10.4	10.4
55	11	236.0	5.8	11	马占相思	28.6	34.7

每木检尺记录表界面

◆ 蓝色记录表示前期的非活立木。

◆ 点击“样木位置图”—>“前期样木位置图”即可看到前期样木位置图。

◆ 点击“样木位置图”—>“本期样木位置图”即可看到本期样木位置图。

◆ 样木号过滤。对样木进行过滤，并将过滤后的记录显示在下面的列表中。

◆ 点击“增删”按钮，可增加、删除样木。

◆ 样木定位点。可在表二中录入、修改。

◆ 自动计算优势树种、平均胸径。点击屏幕左上角的样地目录，返回上一级页面时，系统会根据该样地的地类、所有的样木立木类型、树种、胸径计算得到该样地的优势树种、平均胸径，并保存到样地因子调查记录（表二）中。

◆ 逻辑检查。见 1.19 数据逻辑检查。

5.1.7.2 检尺详细记录

◆ 此页面是每木检尺的主要录入界面。

◆ 在屏幕下方的样木位置图中，红色表示未检尺样木，绿色和蓝色表示已检尺样木。

◆ 当前样木高亮显示。相对来说，当前样木的颜色比其他样木的颜色要深一些，如深红色、深绿色、深蓝色。

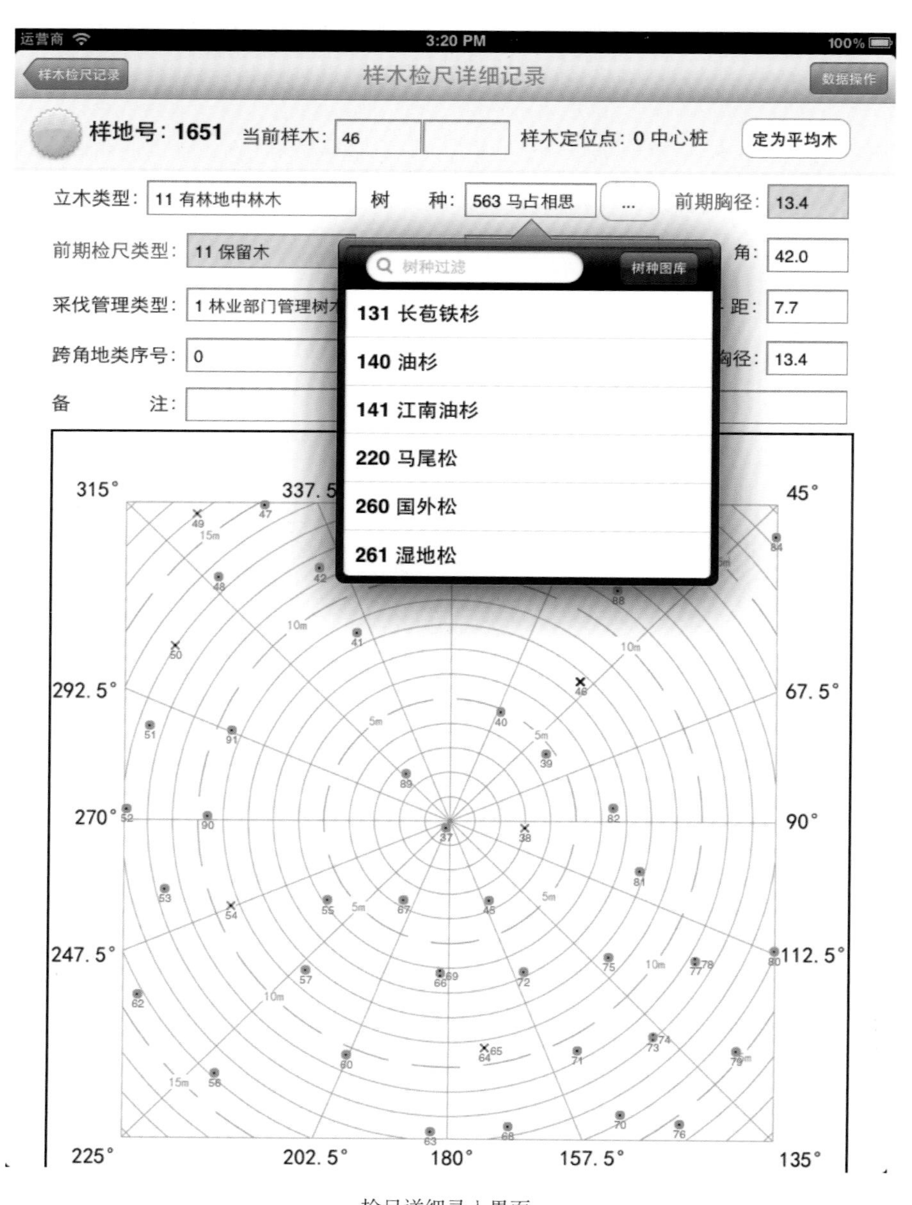

检尺详细录入界面

◆ 新增样木。点击“数据操作”—>“新增样木”，可以新增样木，样木号自动变为当前最大样木号加 1，并且系统会自动将检尺类型填写为“进界木”。

◆ 删除样木。点击“数据操作”—>“删除样木”，可以删除当前样木，在真正删除之前，系统还会提示。请慎用此功能。

◆ 选择（跳转）样木。点击屏幕最上排“当前样木：”右边第 2 个输入框，会将你需要的样木信息调出来。

◆ 修改样木号。点击屏幕最上排“当前样木：”右边第 1 个输入框，会弹出数字键盘，输入之后系统提示是否要修改样木号。在修改样木号之前应仔细核对，请慎用此功能。

◆ 定为平均样木。点击“定为平均木”按钮，系统会将当前样木添加到平均样木调查记录表中。

◆ 树种录入。①代码录入。点击树种右边的带有“•••”的按钮，会弹出数字键盘，即可直接输入树种代码，如果树种代码输入不正确，系统会提示树种代码输入不正确。②列表选择。点击树种右边的输入框，系统会弹出树种列表，可以上下拖动列表，点击某一树种即可完成录入。③手写检索。点击树种右边的输入框，系统会弹出树种列表，点击“树种过滤”，在屏幕下方会弹出手写输入面板，输入一个或多个汉字，如“马”字，系统会将带“马”的树种列在树种列表中，然后点击某一树种即可完成录入。④树种图库检索。详见 5.1.7.3 树种检索。

◆ 样木位置实时显示。当新增一棵样木时，输入当前样木的方位角和距离之后，当前样木会自动标绘在样本位置图上。单株阔叶树用圆圈加 1 个点表示，两株同兜阔叶树用圆圈加 2 个点表示，三株或三株以上同兜阔叶树用圆圈加 3 个点表示，单株针叶树用三角形加 1 个点表示，两株同兜针叶树用三角形加 2 个点表示，三株或三株以上同兜针叶树用三角形加 3 个点表示。非活立木用“×”表示。

◆ 自动提示界外木。如果输入了样木的方位角和距离，并已在样地因子调查记录（表二）中确定了样木定位点后，系统会自动判断样木是否在样地内，如经计算不在样地内，则会弹出系统提示。

◆ 相关警告提示。如果本期胸径小于等于前期胸径，或本期胸径比前期胸径大 10cm，或者本期胸径大于 50cm，系统均会弹出警告提示。

◆ 自动转抄本期采伐木、枯立木、枯倒木的胸径。当本期把一株样木定为采伐木、枯立木、枯倒木时，系统会自动将前期胸径填写到本期胸径中。

◆ 跨角地类序号。若该样木属于跨角林的，应输入样木所在的跨角地类序号。

◆ 毛竹可以不用输入方位角和距离。

◆ 竹度。胸径在 2cm 以上的毛竹应检尺，并且要调查竹度填写竹度栏中，竹度代码与龄组代码共用。

◆ 备注。断梢木、采脂木、同兜木等需要特别说明的样木，应在备注栏说明，同兜木还应说明与哪一株样木同兜，如“与 72 同兜”。

5.1.7.3 树种检索

◆ 点击前一界面的树种图库，即可进入广东树种图库检索页面。

◆ 检索条件。可以根据植物的直观特征（枚举型）点击输入检索条件。

◆ 模糊查询。对种名和其他特征，系统支持模糊查询。

◆ 检索结果。每输入一个条件，系统检索到的条目数会显示在过滤条件选择器左边，当符合条件的植物物种小于等于30种时，点击过滤条件选择器右边的“完成”按钮，系统会将检索结果当作一个集合在下方的照片区域和属性区域显示出来。

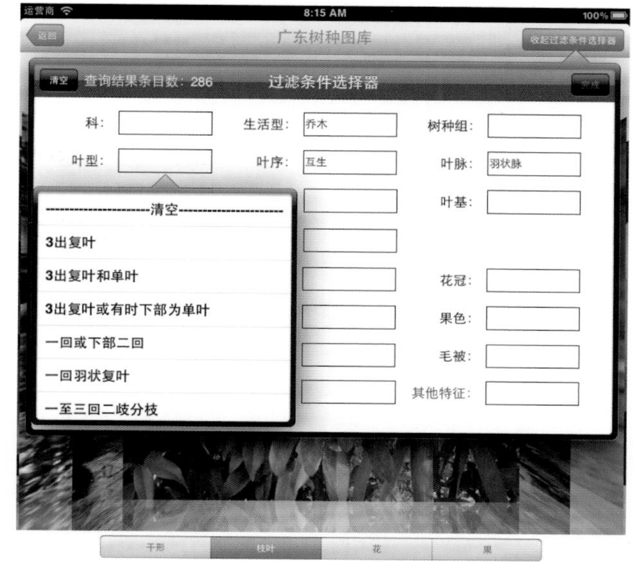

树种检索界面

◆ 在上述检索结果中切换到上一个或下一个植物物种。可以用1个手指向左或向右拖动照片，切换到上一个或下一个植物物种。也可以在照片区域的左边或右边用一个手指点击一下屏幕，同样可以切换到上一个或下一个植物物种。

◆ 照片特征（干形、枝叶、花、果）。当前植物物种的照片会显示在屏幕中央，可以点击干形、枝叶、花、果四个按钮进行照片切换。

◆ 属性特征。当前植物物种的属性特征会在屏幕下方显示出来。如树种名称（包括拉丁名）、连清树种代码、别名、科名、形态特征。

◆ 返回即可对当前样木输入

检索结果界面

该树种。

5.1.7.4 样木位置示意图

◆ 单株阔叶树用圆圈加1个点表示，两株同兜阔叶树用圆圈加2个点表示，三株或三株以上同兜阔叶树用圆圈加3个点表示，单株针叶树用三角形加1个点表示，两株同兜针叶树用三角形加2个点表示，三株或三株以上同兜针叶树用三角形加3个点表示。

◆ 固定标志说明。点击屏幕下方的文本输入框，可对固定标志进行说明。

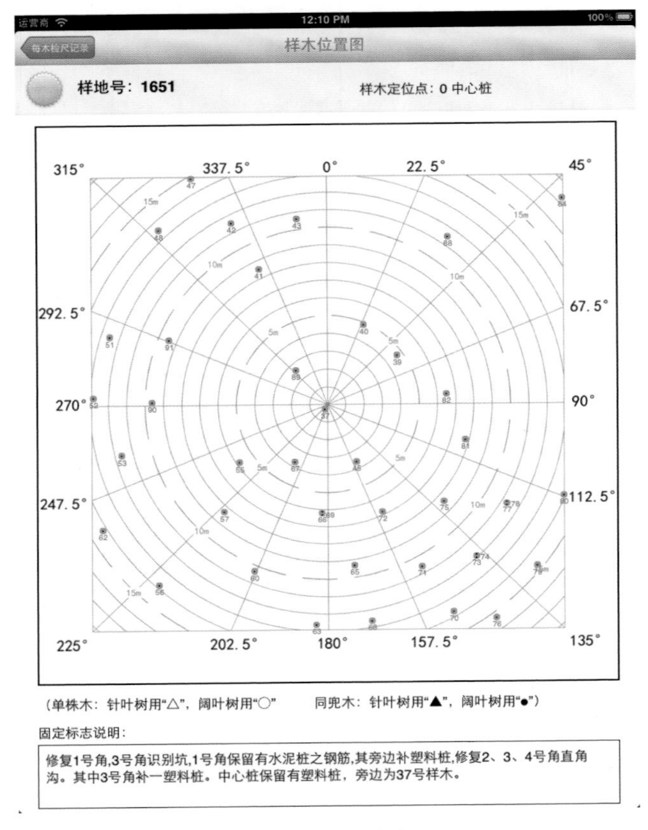

样木位置图界面

5.1.8 平均样木调查

◆ 返回上一级时，可自动计算平均树高并保存到样地因子调查记录。

运营商　3:09 PM　100%

样地表目录　平均样木调查记录　增删

样地号：1651

样木号	树种	胸径cm	树高m	枝下高m	冠幅m 平均	冠幅m 东西向	冠幅m 南北向
47	560 相思	21.8	19.0	12.0	3.2	3.5	3.0
63	560 相思	21.9	17.0	6.0	5.0	6.0	4.0
70	560 相思	22.4	16.0	7.5	4.8	5.6	4.0

平均样木调查记录界面

5.1.9 石漠化程度调查

◆ 输入调查值后，系统会对每一项因子自动评分和综合评定，并将评定结果自动填写到样地因子调查记录中。

◆ 删除石漠化记录。点击“删除石漠化记录”可以删除石漠化调查记录。

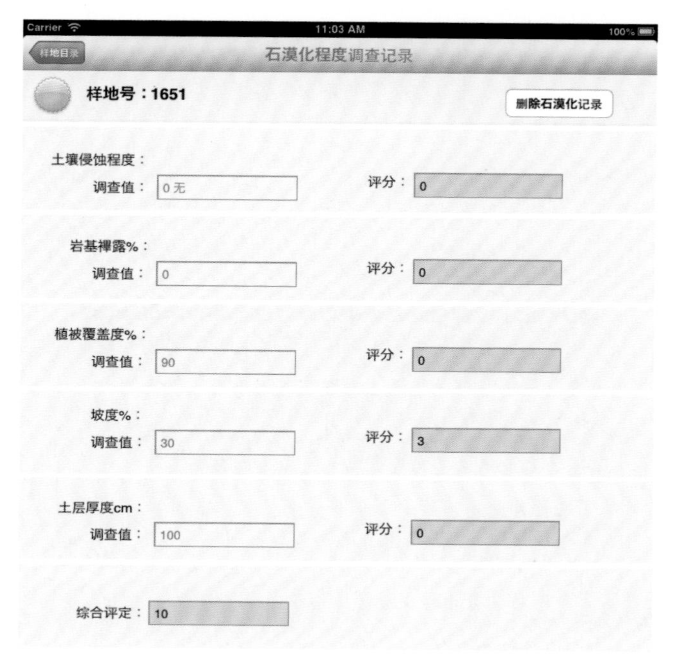

石漠化程度调查记录界面

5.1.10 森林灾害情况调查

◆ 点击“增删”按钮，再点击添加新记录，可增加、删除森林灾害情况调查记录。

森林灾害情况调查记录界面

5.1.11 植被调查

5.1.11.1 灌木调查

◆ 点击“灌木”标签页，然后点击“增删”按钮，再点击添加新记录，可增加灌木调查记录。

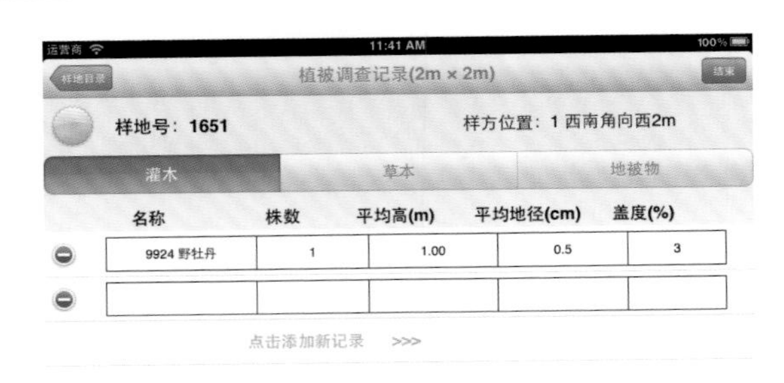

灌木调查记录界面

5.1.11.2 草本调查

◆ 点击“草本”标签页，然后点击“增删”按钮，再点击添加新记录，可增加草本调查记录。

草本调查记录界面

5.1.11.3 地被物调查

◆ 点击“地被物”标签页，然后点击“增删”按钮，再点击添加新记录，可增加地被物调查记录。

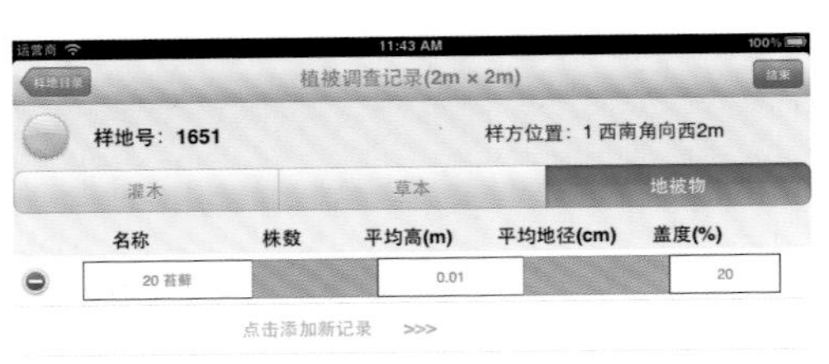

地被物调查记录界面

5.1.12 下木调查

◆ 点击“增删”按钮，再点击添加新记录，可增加下木调查记录。

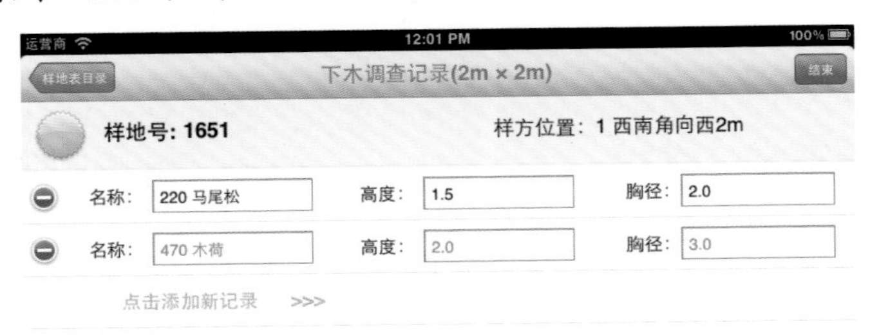

下木调查记录界面

5.1.13 天然更新情况调查

◆ 点击“增删”按钮，再点击添加新记录，可增加天然更新情况调查记录。

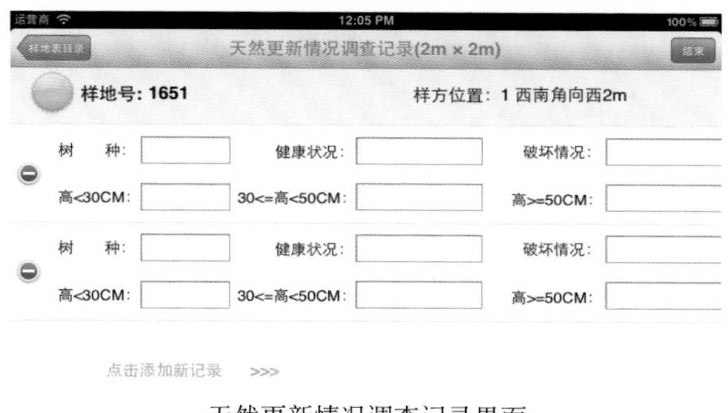

天然更新情况调查记录界面

5.1.14 复查期内样地变化情况调查

◆ 分 6 个项目记录样地复查期内变化情况。点击每一个项目，可进入该项目的变化情况详细记录。

运营商 3:10 PM 100%

样地表目录 复查期内样地变化情况调查记录

样地号: 1651

项目	前期	本期	变化原因
1 地类	111 有林地（乔木林）	111 有林地（乔木林）	
2 林种	233 一般用材林	233 一般用材林	
3 起源	21 植苗	21 植苗	
4 优势树种	560 相思	563 马占相思	
5 龄组	5 过熟林 或 5度竹（8-9年）	5 过熟林 或 5度竹（8-9年）	
6 植被类型	223 阔叶林型	223 阔叶林型	

复查期内样地变化情况调查记录界面

◆ 按实际情况记录变化情况及原因。

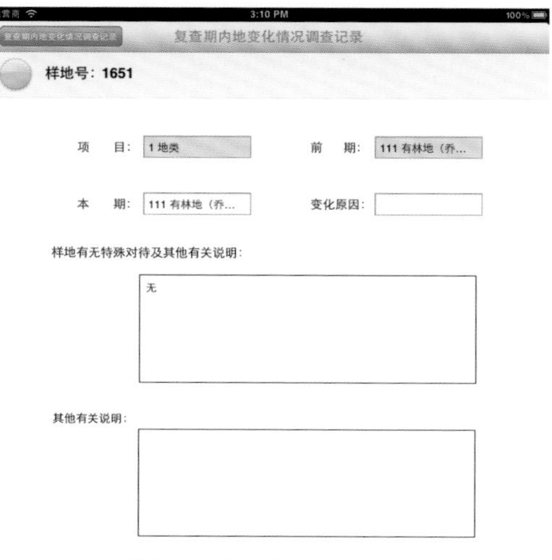

样地变化情况详细记录界面

5.1.15 遥感验证样地调查

◆ 各因子输入方法与样地因子调查记录相同。

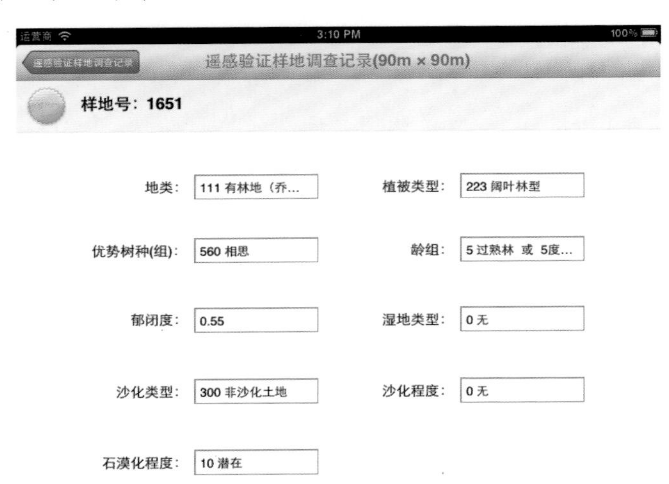

遥感验证样地调查记录界面

5.1.16 未成林造林地调查

◆ 布尔型数据输入：对于灌溉、补植、施肥、抚育、管护等抚育管护措施，是用布尔型进行输入（类似于开关）。

◆ 点击“增删”按钮，再点击添加新记录，可增加造林树种调查记录。返回上一级页面时，系统会进行树种比例的检查，如果各树种比例之和不等于10，则系统会提示错误信息。

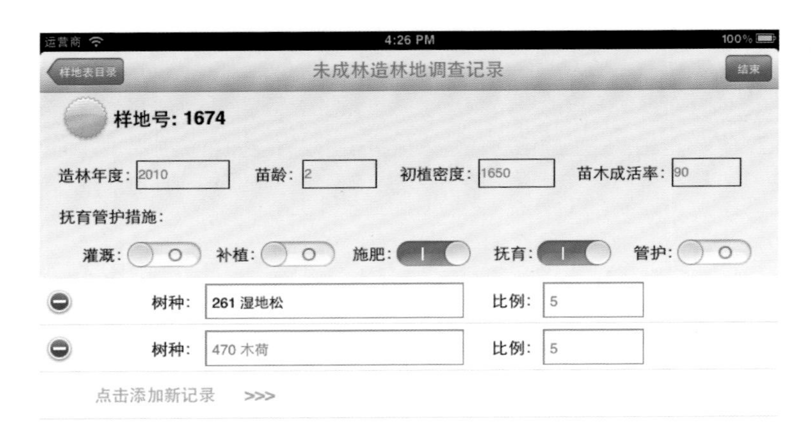

未成林造林地调查记录界面

5.1.17 杂竹样方调查

◆ 点击“增删”按钮，再点击添加新记录，可增加杂竹样方调查记录，系统会实时统计小计数据，并显示在屏幕下方。

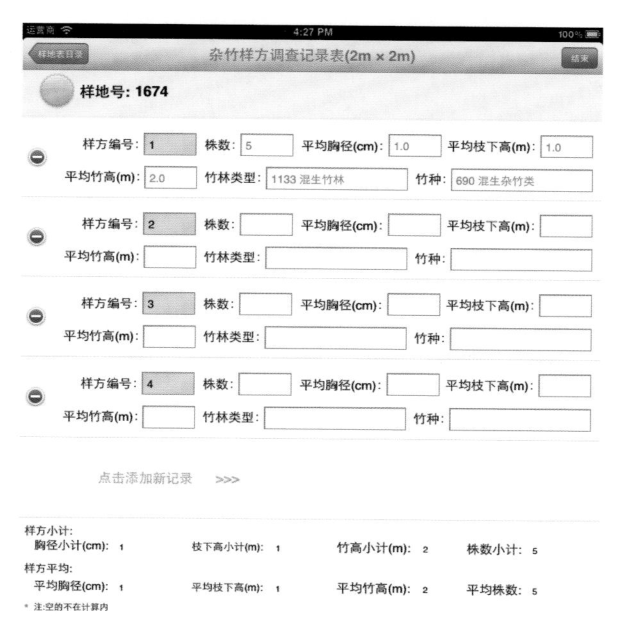

杂竹样方调查记录表界面

5.1.18 大样地区划验证调查

◆ 大样地区划。点击“编辑”按钮，可进行图像编辑页面对大样地进行区划。

◆ 点击“增删”按钮，再点击添加新记录，可增加大样地区划调查记录。

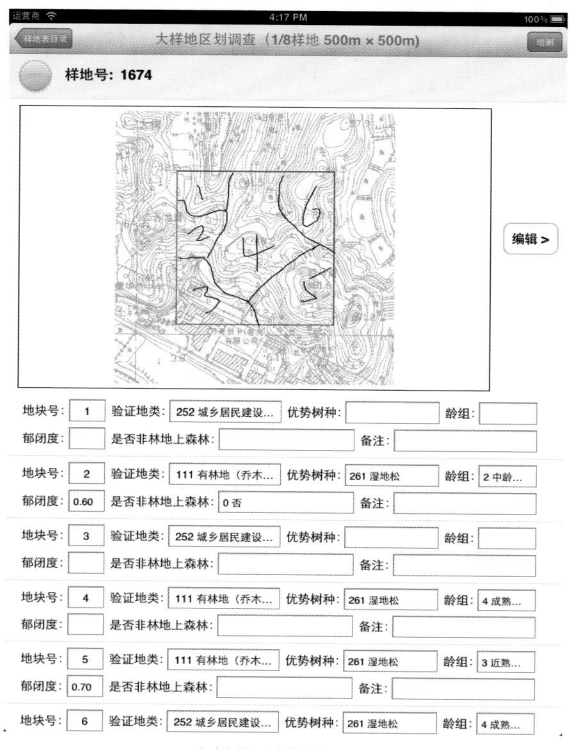

大样地区划调查界面

5.1.19 数据逻辑检查

5.1.19.1 样地因子逻辑检查

◆ 在样地因子调查记录页面中，点击“逻辑检查”按钮，可对输入的样地因子数据进行逻辑检查。如果有逻辑错误，系统会弹出该样地目前所有的逻辑错误。

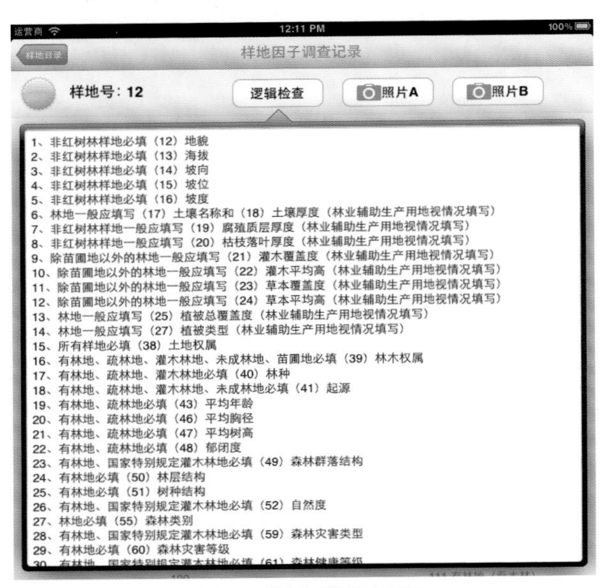

样地因子数据逻辑检查界面

5.1.19.2 样木因子逻辑检查

◆ 在每木检尺记录页面中，点击“逻辑检查”按钮，可对输入的样木因子数据进行逻辑检查。如果有逻辑错误，系统会弹出该样地内所有样木的逻辑错误。

样木因子逻辑检查界面

5.1.19.3 表间逻辑检查

◆ 点击“表间逻辑检查”菜单项，可对该样地的所有表格进行逻辑检查。如果有逻辑错误，系统会弹出该样地所有的逻辑错误。

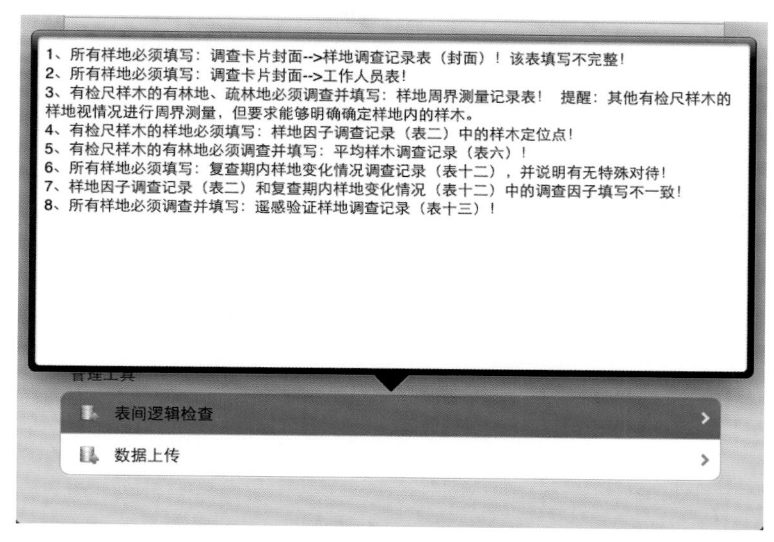

表间逻辑检查界面

5.1.20 数据上传

◆ 如果有逻辑错误，数据不会上传。

◆ 可以通过 Wi-Fi 上网，也可以通过蜂窝数据上网。

5.1.20.1 Wi-Fi 上网设置

◆ 在设置中，找到 Wi-Fi，打开开关，选取网络，输入密码之后，即可通过 Wi-Fi 上网。

Wi-Fi网络连接

5.1.20.2 蜂窝数据上网设置

◆ 首先应在 iPad 左边侧边插入 3G 卡，在设置中，将蜂窝数据开关打开，过一会儿系统会自动搜索运营商，搜索到之后，即可由运营商提供网络服务。

◆ SIM 卡 PIN 码。一段时间后，系统会让你输入 SIM 卡 PIN 码，PIN 码可以在卡上找到。

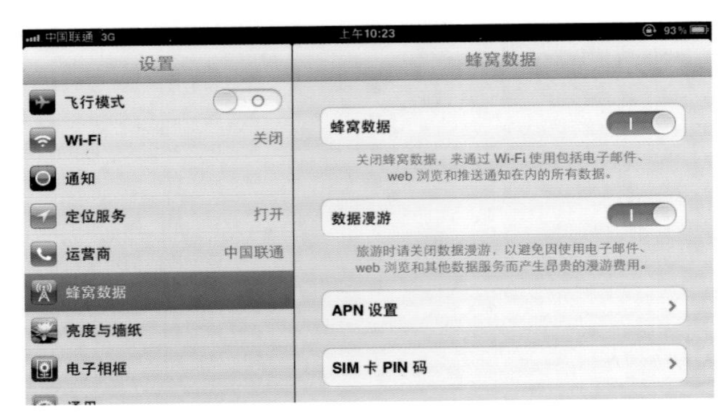

蜂窝数据上网设置

5.1.20.3 数据上传

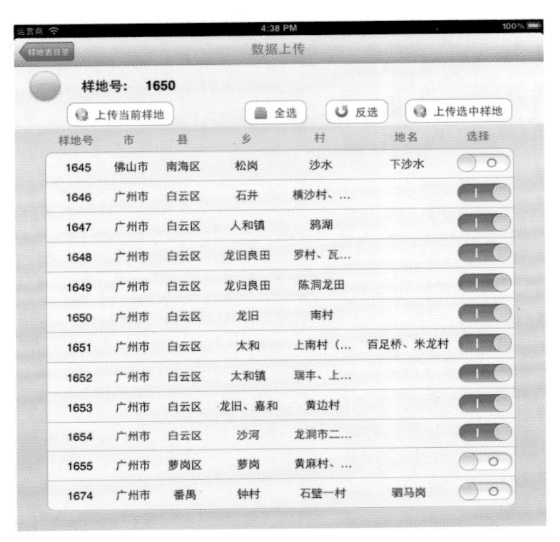

数据上传

◆ 上传当前样地。点击“上传当前样地”按钮，即可将当前样地的所有数据上传到服务器。

◆ 全选。点击“全选”按钮，可将所有样地选中。

◆ 反选。点击“反选”按钮，可将已选中的样地取反，将原来没有选中的样地变为选中状态。

◆ 上传选中样地。点击“上传选中样地”按钮，可将选中的样地数据上传到服务器，并在下面的上传列表中清除掉。

◆ 修改后再次上传。如果一个样地数据已经上传，但只要被修改过，则该样地又会出现在上传列表中。即一个样地可以被多次上传，前提是被修改过。

5.2 数据管理客户端

5.2.1 主界面

5.2.1.1 登录界面

◆ 运行桌面程序图标，进入用户登录界面，输入用户名和密码，即可进入数据管理客户端主界面。不同的用户名有不同的操作权限。

登录界面

5.2.1.2 主界面

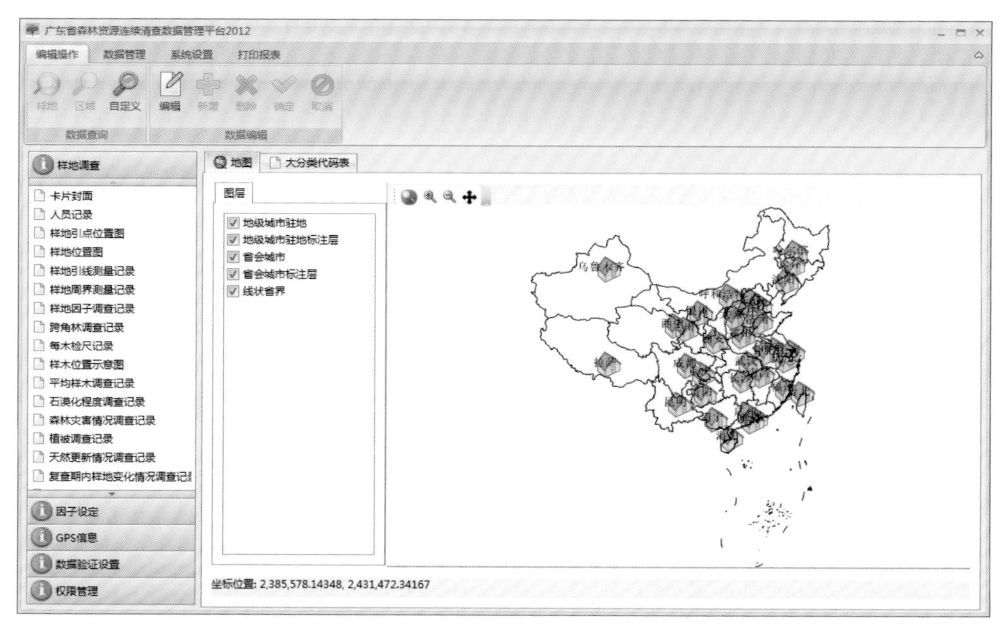

主界面

5.2.2 数据查询

5.2.2.1 按行政区查询

◆ 在左边列表中选择你要查询的表，然后在工具栏点击按行政区查询按钮，选择地市名，然后选择县（市、区）名，点击查询，即可将符合条件的记录显示在右边列表中。

按区域查询界面

5.2.2.2 按样地号查询

◆ 在左边列表中选择你要查询的表，然后在工具栏点击按样地号查询按钮，选择逻辑关于，比如“等于”，或者“大于”，然后输入样地号，点击查询，即可将符合条件的记录显示在右边列表中。

按样地号查询界面

5.2.2.3 自定义条件查询

◆ 在左边列表中选择你要查询的表，然后在工具栏点击自定义条件查询按钮，弹出自定义查询界面，输入你的查询条件，如“县代码 =0723 并且 500< 样地号 <2000 并且 地类 =111 并且 优势树种 =550”，点击查询，即可将符合条件的记录显示在右边列表中。

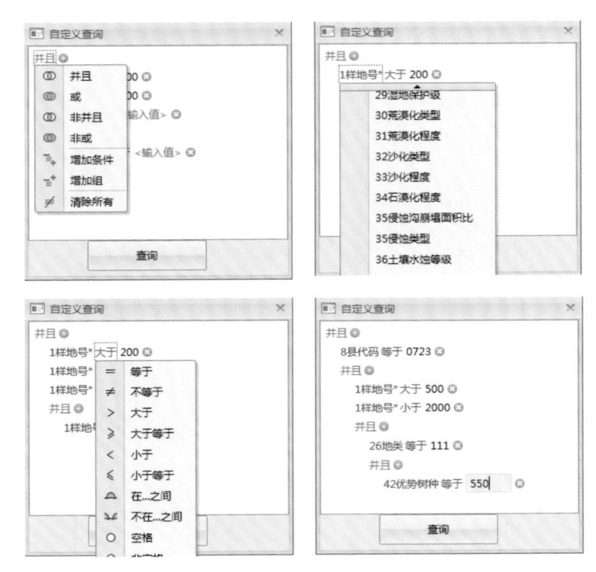

自定义查询界面

5.2.3 数据管理

5.2.3.1 单个县（市、区）样地数据分发到 iPad 端

◆ 点击“数据下载”按钮，会弹出数据下载对话框，点击区域标签页，选择市名，然后选择县（市、区）名，可查询出该县（市、区）所有样地，点击下面的“全选”按钮，然后点击下载到本地，即可将该县（市、区）所有样地下载到本地。也可以直接选择市名，县（市、区）名选为空白，这样可以将整个市的数据下载下来。

◆ 拷贝至 iPad 端。点击“打开本地文件夹”按钮，即可进入数据库存放的文件夹，找到名为 ForestInvestigation.db 的文件，拷贝，然后运行 itools.exe，找到相应文件夹，粘贴即可。

◆ 转换为国家标准数据库。点击“转换成国家数据”按钮，可以按全国第八次森林资源清查最新数据标准进行数据转换。

数据下载

5.2.3.2 多个县（市、区）样地数据分发到 iPad 端

◆ 选择一个县（市、区），点击“查询”按钮，点击“全选”按钮，然后再选择另一个县（市、区），点击“查询”按钮，点击“全选”按钮，然后转到样地号标签页，输入样地号—大于—0，然后点击“下载到本地”按钮，可将多个县（市、区）的样地下载下来。多个市的数据下载同样操作即可。在 itools 环境中拷贝到 iPad 端即可。

5.2.3.3 植物图库下载

◆ 点击“植物图库”按钮，点击“下载到本地”按钮，可将植物图库下载下来。文件名为 ForestPlant.db，在 itools 环境中拷贝到 iPad 端即可。

图库下载

5.2.3.4 生成树种数据字典

◆ 树种代码转换。点击“树种代码转换”按钮，可将广东树种图库转换为树种字典。在树种输入时弹出的枚举型对话框列出的树种及代码，实际上就是树种字典，而不是从树种图库中提取后列出来的。在数据下载时，和连清数据一并被下载到 iPad 端。

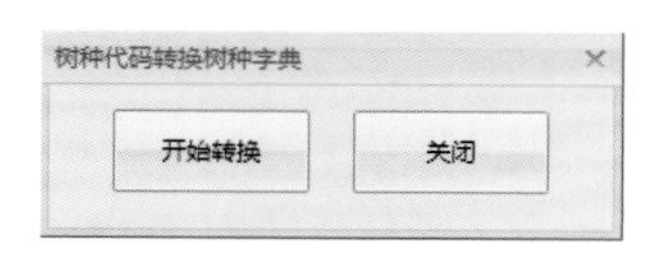

树种字典生成界面

5.2.3.5 服务地址设置

◆ 可以设置服务地址，以便于 iPad 端的数据可以上传到数据库服务器。在数据下载时，和连清数据一并被下载到 iPad 端。

服务地址设置

5.2.3.6 上传记录查询

◆ UDID 为 iPad 的 IDentifier。

◆ 可以查询到哪一台 iPad 在什么时间上传了哪个样地数据，上传成功还是失败。

◆ 可以按时间查询，也可以输入一个或多个样地号进行查询。

◆ 如果一个样地多次上传，则系统会将每一次上传都列出来。

已上传到服务器数据

按时间查询 从 2012/8/1 到 2012/8/16 查询

按样地号查询 样地号： (多个样地号请用英文逗号隔开)

UDID	上传的样地号	上传时间	上传类型
74c6be642a8275b5fb81886428bec68e63eaaf7b	514	2012/8/1	Success
74c6be642a8275b5fb81886428bec68e63eaaf7b	514	2012/8/1	Success
74c6be642a8275b5fb81886428bec68e63eaaf7b	514	2012/8/1	Success
74ad9889cb56dcd8232018eea00e952b15cf56a2	1099	2012/8/1	Success
74ad9889cb56dcd8232018eea00e952b15cf56a2	904	2012/8/1	Success
74ad9889cb56dcd8232018eea00e952b15cf56a2	1106	2012/8/1	Success
74ad9889cb56dcd8232018eea00e952b15cf56a2	1113	2012/8/1	Success
74ad9889cb56dcd8232018eea00e952b15cf56a2	1115	2012/8/1	Success
74ad9889cb56dcd8232018eea00e952b15cf56a2	881	2012/8/1	Success
74ad9889cb56dcd8232018eea00e952b15cf56a2	1109	2012/8/1	Success
74ad9889cb56dcd8232018eea00e952b15cf56a2	1114	2012/8/1	Success
74ad9889cb56dcd8232018eea00e952b15cf56a2	1117	2012/8/1	Success
74ad9889cb56dcd8232018eea00e952b15cf56a2	1119	2012/8/1	Success

上传记录查询

5.2.4 系统设置

5.2.4.1 数据库连接参数设置

◆ 在第一次进入系统时。系统会弹出数据库服务器连接参数设置。

数据库连接参数设置

5.2.4.2 角色管理

◆ 角色管理是用户所属角色的权限管理，包括是否可新增、是否可删除、是否可修改、是否可查询。默认设置三个角色名称分别是 Admin、Advance、Login。Admin 是管理员用户，拥有最高权限。Advance是高级用户，可以增删改查。Login是普通用户，只可以查看。

	角色名称*	角色中文名称	备注	是否可新增	是否可删除	是否可修改	是否可查询*
0	admin	管理员用户	管理员用户,拥有最高权限	☑	☑	☑	☑
1	advance	高级用户	高级用户，可以增删改查	☑	☑	☑	☑
2	login	普通用户	登录用户，只可以查看	☐	☐	☐	☑

角色管理

5.2.4.3 用户管理

◆ 用户管理是登录用户设置管理。包括用户ID、用户密码、用户别名、所属的角色ID。用户的权限由其分配的用户赋予。

	用户ID	密码	用户别名	角色名
0	test	●●●	test	普通用户
1	weianshi	●●●●●●●●●●●●	weianshi	管理员用户

用户管理

5.2.5 打印

5.2.5.1 上传样地查询

◆ 点击“打印报表”——〉“打印预览”，可弹出打印窗口。在右上角输入一个时间段，点击“查询上传样地”，可以将这个时间段上传的样地在下方列出来，如果一个样地上传过多次，则只会列出一次。

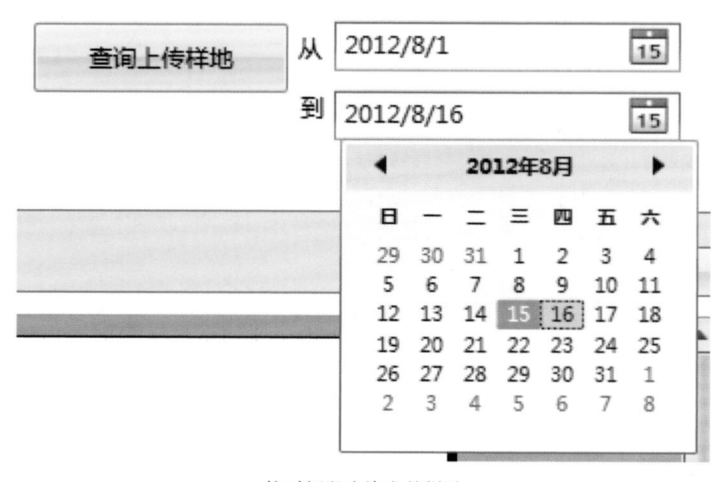

按时间段查询上传样地

◆ 在上传数据列表中，可以用“样地号”和“单位”排序，也可以用鼠标双击某一样地打印预览。也可以用鼠标右键点击“单位”，用过滤器对某一单位进行过滤。

使用过滤器对样地进行过滤

◆ 打开过滤器，点击“包含”，在“输入值”中输入单位名字，点击确定或应用，可以对该单位的样地进行过滤，过滤后的样地只有该单位的，没有别的单位。

过滤单位样地界面

5.2.5.2 打印

◆ 用鼠标双击某一样地，或直接在上方输入要预览的样地号并点击预览，可以将该样地的信息在视图中预览。

◆ 点击“打印报表”按钮，即可弹出打印对话框进行打印。可以单面或双面打印，建议设置成双面打印。

◆ 可以前后翻页预览，也可以直接选择预览某一页。

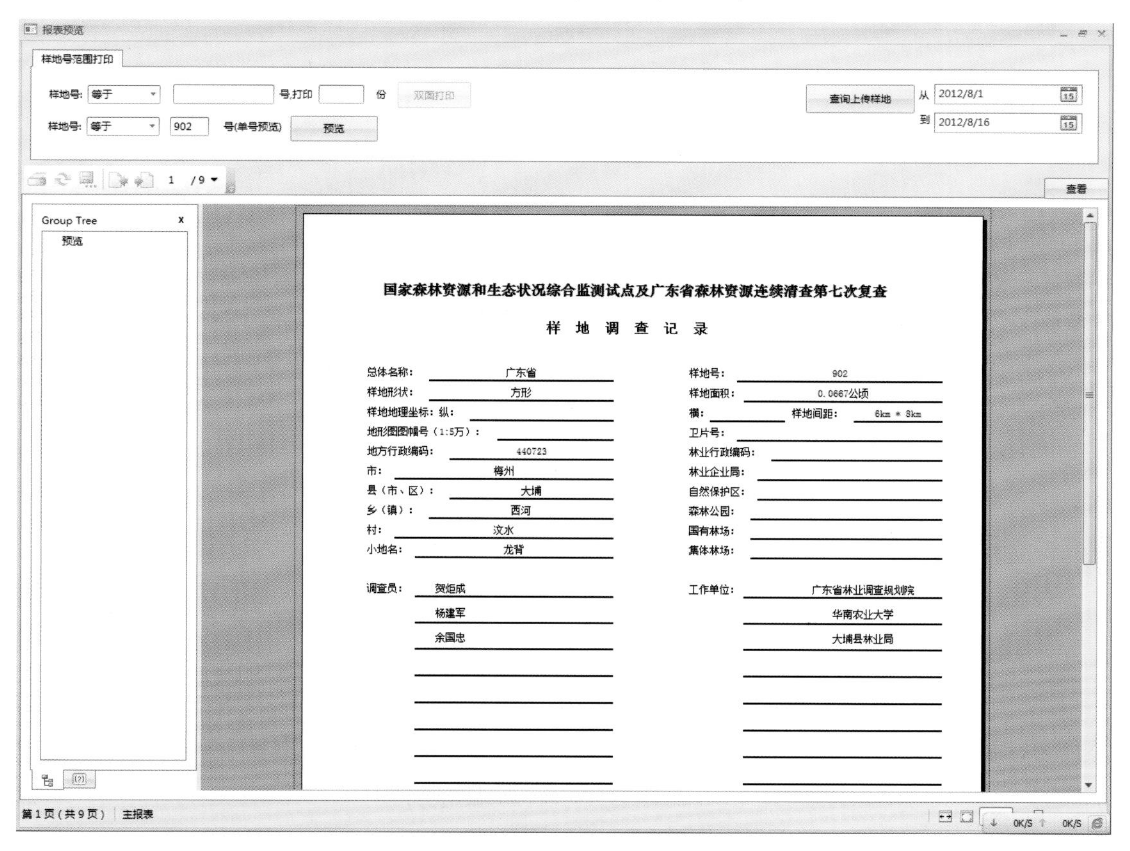

打印

5.2.5.3 数据导出

◆ 点击“导出报表”按钮，可以将打印信息导出其他格式文件。最常用的是导出 PDF (*.pdf) 文件，Microsoft Word(97—2003)(*.doc) 文件。

数据导出

5.2.6 系统维护

5.2.6.1 数据字典维护

◆ 代码表维护。点击“因子设定”——〉“大分类代码表”，可对大类代码和名称进行新增、删除、修改。

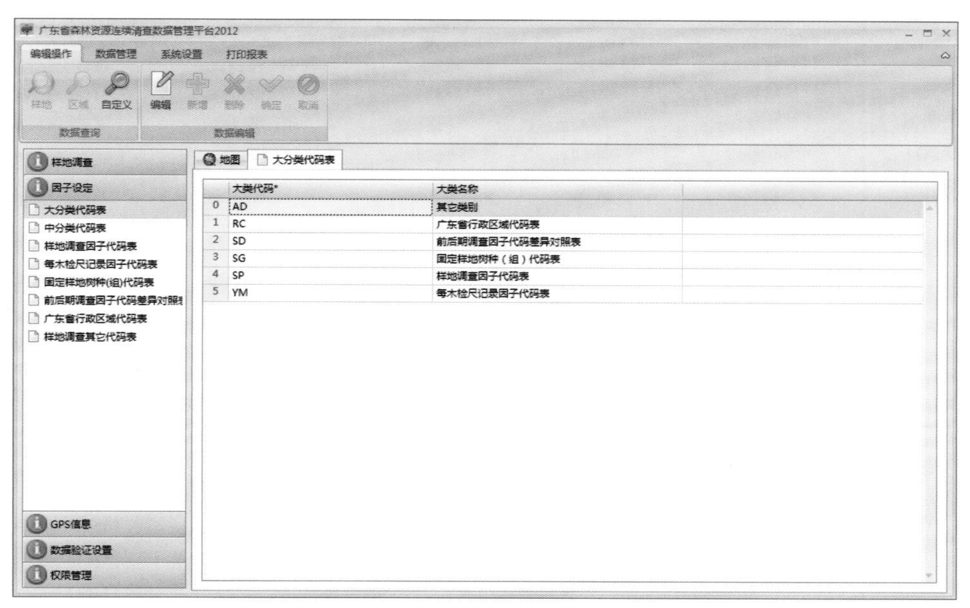

数据字典维护

◆ 代码表维护。点击“因子设定”——〉“中分类代码表”，可对中类代码和名称进行新增、删除、修改。

代码表维护

◆ 调查因子代码表维护。点击“因子设定”——〉“样地调查因子代码表”，可对样地调查因子代码和名称进行新增、删除、修改。

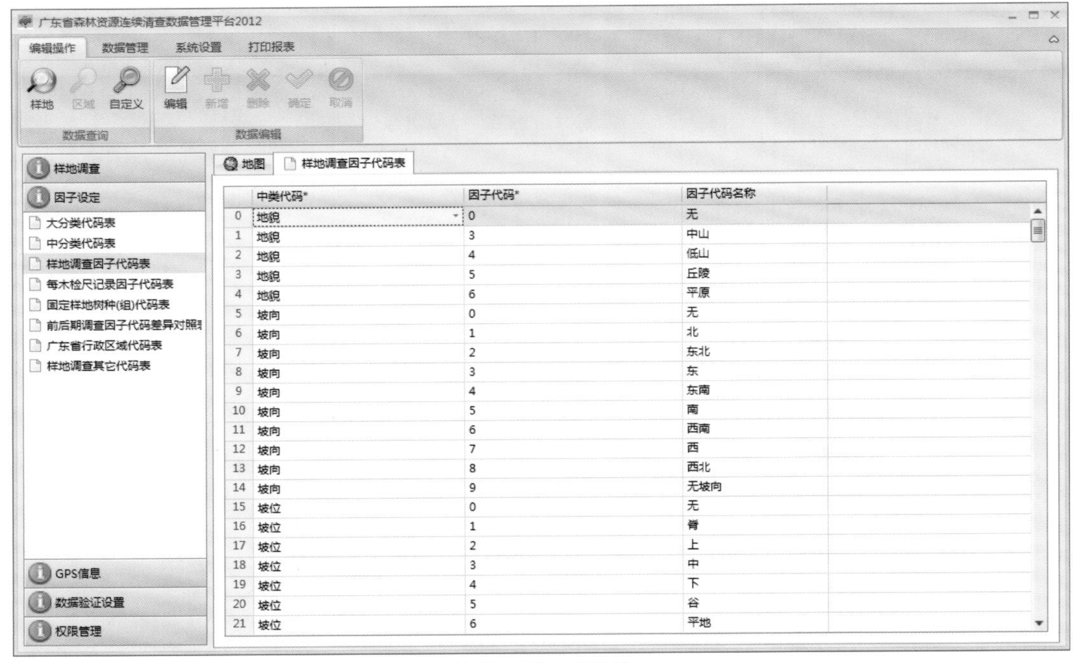

样地因子代码表维护

◆ 每木检尺调查因子代码表维护。点击“因子设定”——〉“每木检尺调查因子代码表”，可对每木检尺调查因子代码和名称进行新增、删除、修改。

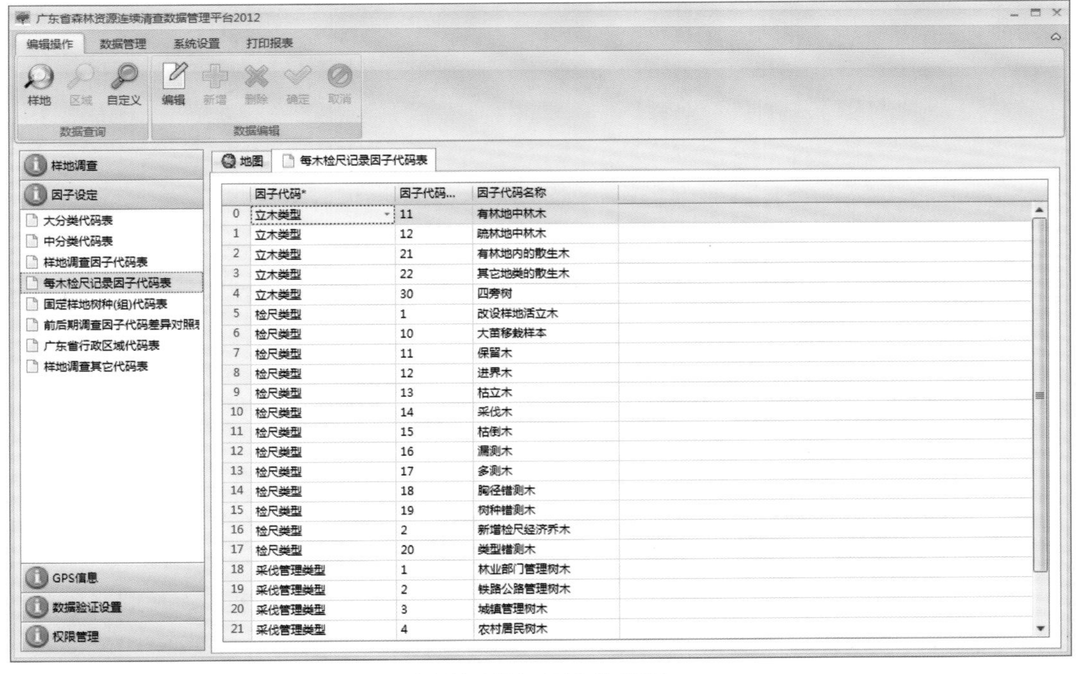

每木检尺调查因子代码表维护

◆ 树种代码表维护。点击“因子设定”——〉“树种代码表”，可对树种代码和名称进行新增、删除、修改。

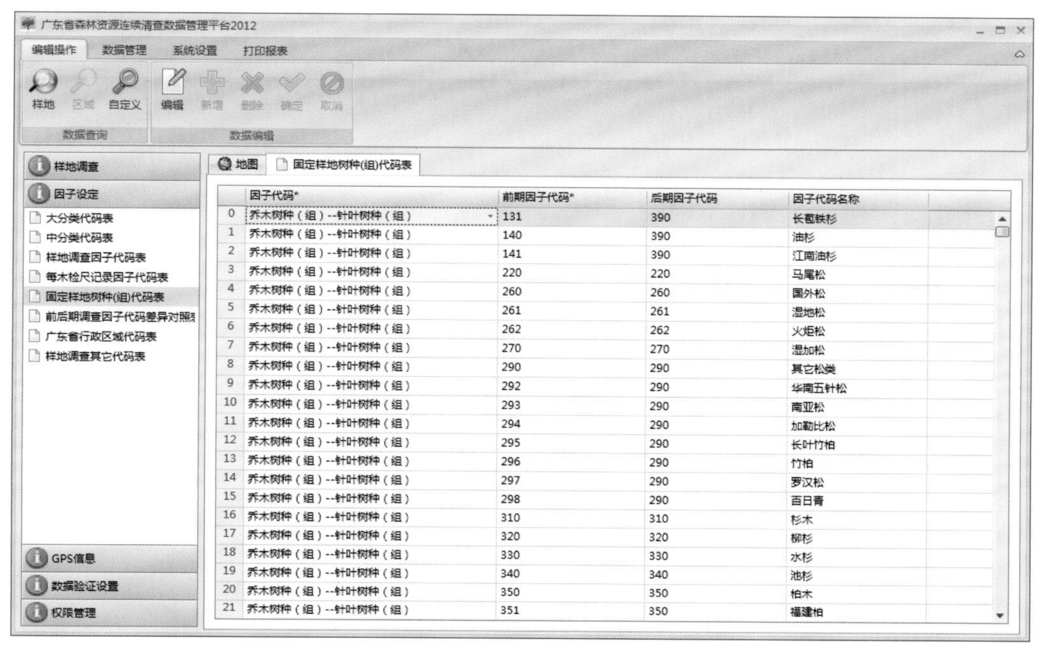

树种代码表维护

◆ 前后期调查因子代码对照表维护。点击“因子设定”——〉“前后期调查因子代码差异对照表”，可对调查因子前后期代码和名称进行新增、删除、修改。

前后期调查因子代码对照表维护

◆ 广东省行政区划代码表维护。点击“因子设定”——〉“广东省行政区划代码表”，可对广东省行政区域代码和名称进行新增、删除、修改。

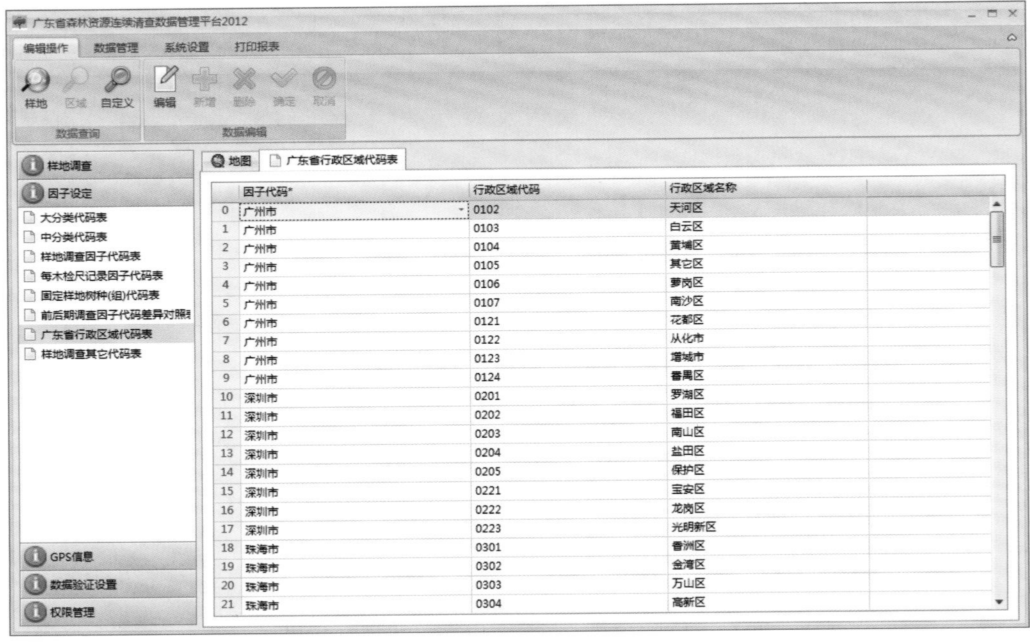

	因子代码*	行政区域代码	行政区域名称
0	广州市	0102	天河区
1	广州市	0103	白云区
2	广州市	0104	黄埔区
3	广州市	0105	其它区
4	广州市	0106	萝岗区
5	广州市	0107	南沙区
6	广州市	0121	花都区
7	广州市	0122	从化市
8	广州市	0123	增城市
9	广州市	0124	番禺区
10	深圳市	0201	罗湖区
11	深圳市	0202	福田区
12	深圳市	0203	南山区
13	深圳市	0204	盐田区
14	深圳市	0205	保护区
15	深圳市	0221	宝安区
16	深圳市	0222	龙岗区
17	深圳市	0223	光明新区
18	珠海市	0301	香洲区
19	珠海市	0302	金湾区
20	珠海市	0303	万山区
21	珠海市	0304	高新区

广东省行政区划代码表维护

◆ 其他调查因子代码表维护。点击“因子设定”——〉“样地调查其他代码表”，可对其他因子代码代码和名称进行新增、删除、修改。一般后期加的调查因子都放在这个表中进行维护。

	中类代码*	因子代码*	因子代码名称
0	*复查期内样地变化项目类别	1	地类
1	*复查期内样地变化项目类别	2	林种
2	*复查期内样地变化项目类别	3	起源
3	*复查期内样地变化项目类别	4	优势树种
4	*复查期内样地变化项目类别	5	龄组
5	*复查期内样地变化项目类别	6	植被类型
6	竹林类型	1131	散生竹林
7	竹林类型	1132	丛生竹林
8	竹林类型	1133	混生竹林
9	小样方位置	0	无样方
10	小样方位置	1	西南角向西2m
11	小样方位置	2	西北角向北2m
12	小样方位置	3	东北角向东2m
13	小样方位置	4	东南角向南2m
14	小样方位置	5	其他位置
15	下木	31	杉类
16	下木	32	松类
17	下木	33	阔叶类
18	植被类型	0	下木
19	植被类型	1	灌木
20	植被类型	2	草木
21	植被类型	3	地被物

其他调查因子代码表维护

5.2.6.2 逻辑验证维护

◆ 设置哪些表需要验证。点击“数据验证设置”——〉“数据验证表设置”，可以设置哪些表需要验证。

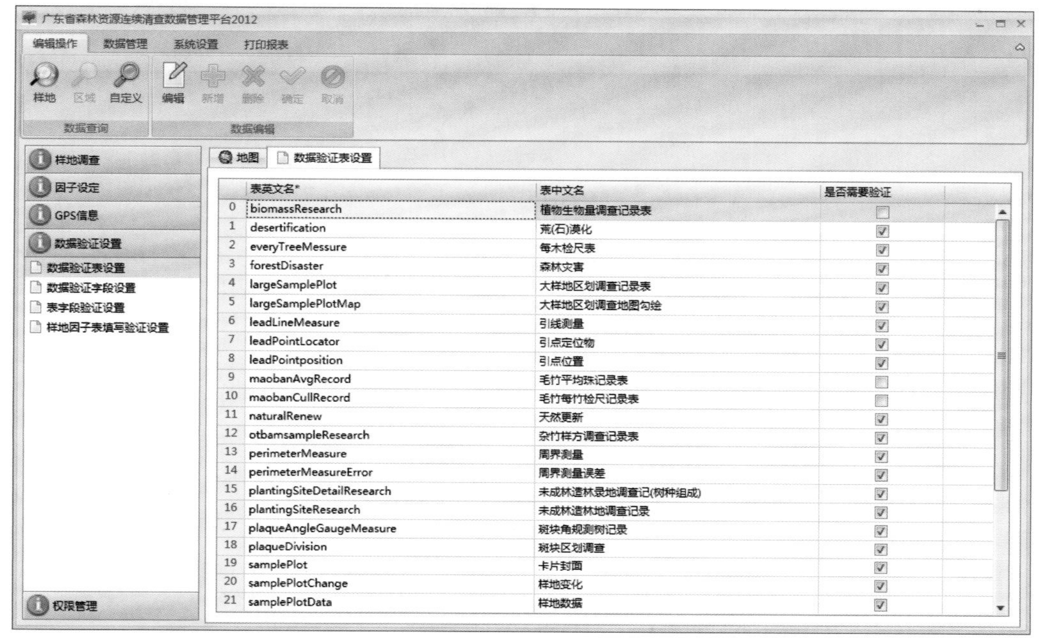

	表英文名*	表中文名	是否需要验证
0	biomassResearch	植物生物量调查记录表	☐
1	desertification	荒(石)漠化	☑
2	everyTreeMessure	每木检尺表	☑
3	forestDisaster	森林灾害	☑
4	largeSamplePlot	大样地区划调查记录表	☑
5	largeSamplePlotMap	大样地区划调查地图勾绘	☑
6	leadLineMeasure	引线测量	☑
7	leadPointLocator	引点定位物	☑
8	leadPointposition	引点位置	☑
9	maobanAvgRecord	毛竹平均株记录表	☐
10	maobanCullRecord	毛竹每竹检尺记录表	☐
11	naturalRenew	天然更新	☑
12	otbamsampleResearch	杂竹样方调查记录表	☑
13	perimeterMeasure	周界测量	☑
14	perimeterMeasureError	周界测量误差	☑
15	plantingSiteDetailResearch	未成林造林地调查记(树种组成)	☑
16	plantingSiteResearch	未成林造林地调查记录	☑
17	plaqueAngleGaugeMeasure	斑块角规测树记录	☑
18	plaqueDivision	斑块区划调查	☑
19	samplePlot	卡片封面	☑
20	samplePlotChange	样地变化	☑
21	samplePlotData	样地数据	☑

数据验证表设置

◆ 设置哪些字段需要验证。点击“数据验证设置”——〉“数据验证字段设置”，可以设置表中的哪些字段需要验证。

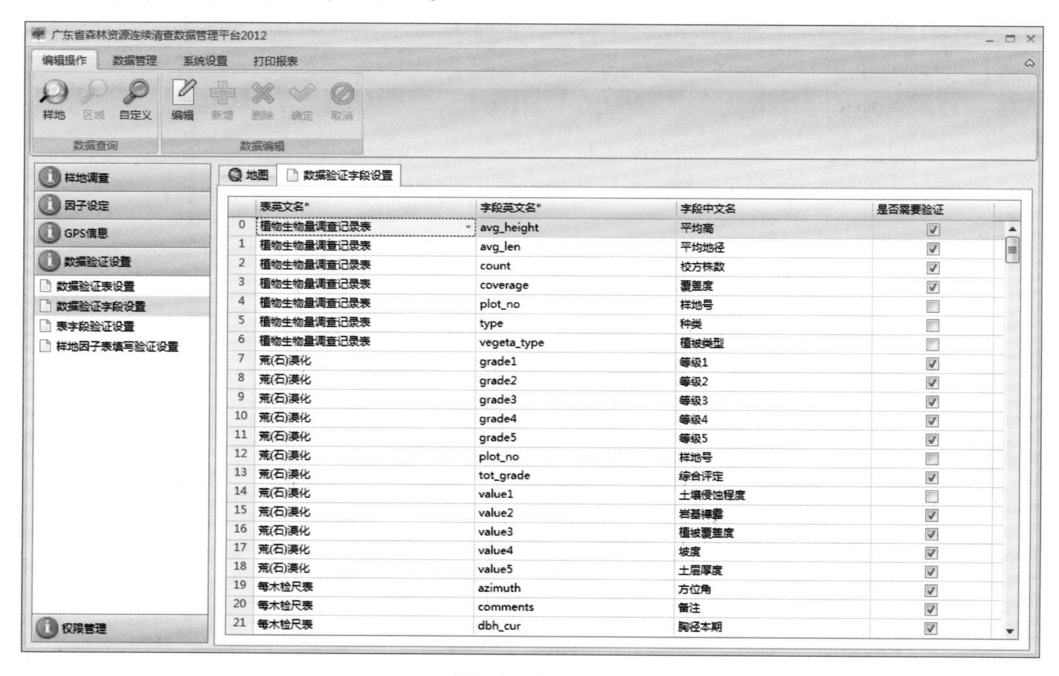

	表英文名*	字段英文名*	字段中文名	是否需要验证
0	植物生物量调查记录表	avg_height	平均高	☑
1	植物生物量调查记录表	avg_len	平均地径	☑
2	植物生物量调查记录表	count	样方株数	☑
3	植物生物量调查记录表	coverage	覆盖度	☑
4	植物生物量调查记录表	plot_no	样地号	☐
5	植物生物量调查记录表	type	种类	☐
6	植物生物量调查记录表	vegeta_type	植被类型	☐
7	荒(石)漠化	grade1	等级1	☑
8	荒(石)漠化	grade2	等级2	☑
9	荒(石)漠化	grade3	等级3	☑
10	荒(石)漠化	grade4	等级4	☑
11	荒(石)漠化	grade5	等级5	☑
12	荒(石)漠化	plot_no	样地号	☐
13	荒(石)漠化	tot_grade	综合评定	☑
14	荒(石)漠化	value1	土壤侵蚀程度	☐
15	荒(石)漠化	value2	岩基裸露	☑
16	荒(石)漠化	value3	植被覆盖度	☑
17	荒(石)漠化	value4	坡度	☑
18	荒(石)漠化	value5	土层厚度	☑
19	每木检尺表	azimuth	方位角	☑
20	每木检尺表	comments	备注	☑
21	每木检尺表	dbh_cur	胸径本期	☑

数据验证字段设置

◆ 字段验证内容设置。点击“数据验证设置”——〉“表字段验证设置”，可以对某一调查表中的一些字段设置具体的验证内容。

表字段验证设置

◆ 选择调查表，如“样地数据”，点击“编辑”，在某一条记录上点击右键，点击“修改信息”，会弹出字段（数字）验证规则设置对话框，可以在此设置该字段的具体验证信息，如最大值、最小值、小数位精度、不包含数值等。

字段(数字)验证规则设置
描述信息： 郁闭度
表 名： 样地数据
字段名： 郁闭度
最小值： 0
最大值： 1
小数位精度： 2 精确到0.01
不包含数值：
是否应用
是否编辑
是否可为空
是否包含最小值
是否包含最大值
确定
取消

字段（数字）验证规则设置

◆ 样地数据多个调查因子之间的逻辑条件设置。点击“数据验证设置”——〉“样地因子表填写验证设置”，可以设置样地数据多个调查因子之间的逻辑条件。

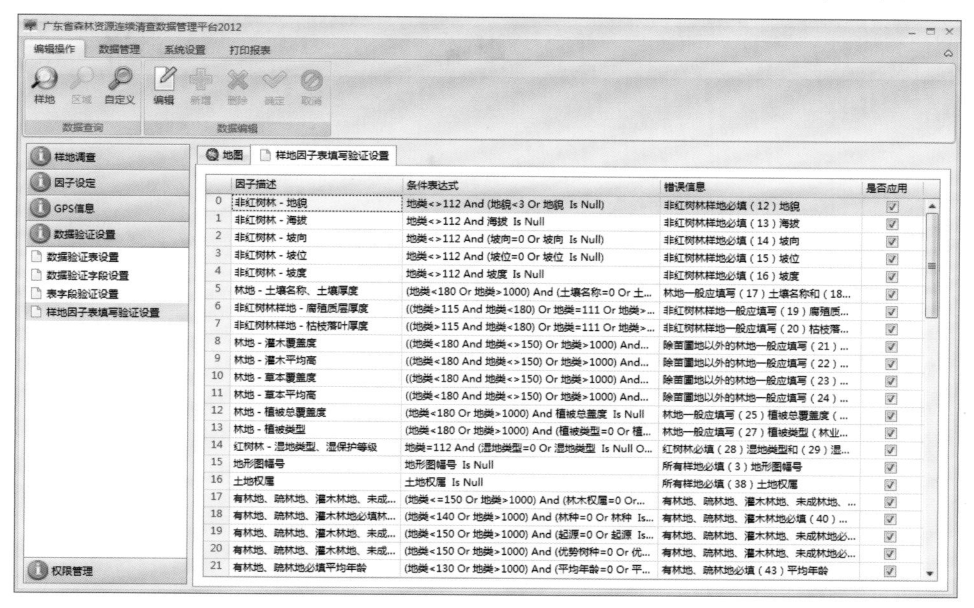

	因子描述	条件表达式	错误信息	是否应用
0	非红树林 - 地貌	地类<>112 And (地貌<3 Or 地貌 Is Null)	非红树林样地必填（12）地貌	✓
1	非红树林 - 海拔	地类<>112 And 海拔 Is Null	非红树林样地必填（13）海拔	✓
2	非红树林 - 坡向	地类<>112 And (坡向=0 Or 坡向 Is Null)	非红树林样地必填（14）坡向	✓
3	非红树林 - 坡位	地类<>112 And (坡位=0 Or 坡位 Is Null)	非红树林样地必填（15）坡位	✓
4	非红树林 - 坡度	地类<>112 And 坡度 Is Null	非红树林样地必填（16）坡度	✓
5	林地 - 土壤名称、土壤厚度	(地类<180 Or 地类>1000) And (土壤名称=0 Or 土...	林地一般应填写（17）土壤名称和（18...	✓
6	非红树林样地 - 腐殖质层厚度	((地类>115 And 地类<180) Or 地类=111 Or 地类>...	非红树林样地一般应填写（19）腐殖质...	✓
7	非红树林样地 - 枯枝落叶厚度	((地类>115 And 地类<180) Or 地类=111 Or 地类>...	非红树林样地一般应填写（20）枯枝落...	✓
8	林地 - 灌木覆盖度	((地类<180 And 地类<>150) Or 地类>1000) And...	除苗圃地以外的林地一般应填写（21）...	✓
9	林地 - 灌木平均高	((地类<180 And 地类<>150) Or 地类>1000) And...	除苗圃地以外的林地一般应填写（22）...	✓
10	林地 - 草本覆盖度	((地类<180 And 地类<>150) Or 地类>1000) And...	除苗圃地以外的林地一般应填写（23）...	✓
11	林地 - 草本平均高	((地类<180 And 地类<>150) Or 地类>1000) And...	除苗圃地以外的林地一般应填写（24）...	✓
12	林地 - 植被总覆盖度	(地类<180 Or 地类>1000) And 植被总盖度 Is Null	林地一般应填写（25）植被总覆盖度（...	✓
13	林地 - 植被类型	(地类<180 Or 地类>1000) And (植被类型=0 Or 植...	林地一般应填写（27）植被类型（林业...	✓
14	红树林 - 湿地类型、湿保护等级	地类=112 And (湿地类型=0 Or 湿地类型 Is Null O...	红树林必填（28）湿地类型和（29）湿...	✓
15	地形图幅号	地形图幅号 Is Null	所有样地必填（3）地形图幅号	✓
16	土地权属	土地权属 Is Null	所有样地必填（38）土地权属	✓
17	有林地、疏林地、灌木林地、未成...	(地类<=150 Or 地类>1000) And (林木权属=0 Or...	有林地、疏林地、灌木林地、未成林地、...	✓
18	有林地、疏林地、灌木林地必填林...	(地类<140 Or 地类>1000) And (林种=0 Or 林种 Is...	有林地、疏林地、灌木林地必填（40）...	✓
19	有林地、疏林地、灌木林地、未成...	(地类<150 Or 地类>1000) And (起源=0 Or 起源 Is...	有林地、疏林地、灌木林地、未成林地必...	✓
20	有林地、疏林地、灌木林地、未成...	(地类<150 Or 地类>1000) And (优势树种=0 Or 优...	有林地、疏林地、灌木林地、未成林地必...	✓
21	有林地、疏林地必填平均年龄	(地类<130 Or 地类>1000) And (平均年龄=0 Or 平...	有林地、疏林地必填（43）平均年龄	✓

样地因子表验证设置

◆ 点击“编辑”，在某一记录上点击右键，点击“修改信息”，会弹出业务逻辑验证规则设置对话框，条件表达式包括：序号、左括号、字段名、条件、值、右括号、关系，其设置必需符合 SQL 语句的规则，且需在服务器上验证通过后才能保存，字段名是可选的，条件有不等于、等于、大于、大于等于、小于等于、不为空、为空。关系包括无、并且、或者。

序号	左括号	字段名	条件	值	右括号	关系
1		地类	等于	111		并且
2	((	优势树种	大于等于	131		并且
3		优势树种	小于	150	)	或者
4	(	优势树种	大于等于	220		并且
5		优势树种	小于	400	)	或者
6		优势树种	等于	610	)	并且
7	(	起源	大于	0		并且
8		起源	小于	20	)	并且
9	(	植被类型	不等于	116		并且
10		植被类型	不等于	114	)	

业务逻辑验证规则设置

5.2.6.3 植物图库维护

树种图库维护

序号	科名	连清代码	种名	别名	生活型	叶型	叶序	叶脉	叶形	叶缘
1	木兰科Magnol...	4902	乐昌含笑Mich...	大叶含笑、光...	乔木	单叶	互生	羽状脉	倒卵形	无
2	石松科Lycopo...	151	灯笼石松 Pal...	铺地蜈蚣、垂...	草本	单叶	互生	其他	其他	其他
3	卷柏科Selagi...	152	深绿卷柏 Sel...	多德卷柏	草本	单叶	互生	羽状脉	卵形	有
4	观音座莲科An...	153	福建观音座莲...	福建莲座蕨、...	草本	二回羽状复叶	基生	羽状脉	其他	有
5	紫萁科Osmund...	154	粗齿紫萁 Osm...	粗齿革叶紫萁	草本	二回羽状复叶	基生	羽状脉	其他	有
6	紫萁科Osmund...	15943	紫萁 Osmunda...	白线鸡尾、大...	草本	二回羽状复叶	基生	羽状脉	其他	有
7	紫萁科Osmund...	155	华南紫萁 Osm...	假苏铁、疯狗...	草本	二回羽状复叶	基生	羽状脉	其他	无
8	里白科Gleich...	11	芒萁 Dicrano...	狼萁、芦萁、...	草本	一至三回二歧...	基生	羽状脉	其他	无
9	里白科Gleich...	156	中华里白 Dip...	华里白	草本	二回羽状复叶	基生	羽状脉	其他	无
10	里白科Gleich...	157	光里白Diplop...	大叶芦萁、叶...	草本	二回羽状复叶	基生	羽状脉	其他	无
11	海金沙科Lygo...	158	曲轴海金沙 L...	长叶海金沙、...	藤本	一回羽状复叶	互生	羽状脉	其他	无
12	海金沙科Lygo...	159	海金沙 Lygod...	斑鸠巢、大转...	藤本	二回羽状复叶	互生	羽状脉	其他	无
13	海金沙科Lygo...	1500	小叶海金沙 L...	斑鸠窝、扫把藤	藤本	一回羽状复叶	互生	羽状脉	其他	朋
14	蚌壳蕨科Dick...	1501	金毛狗 Cibot...	百枝、蚌壳蕨...	草本	三回羽状复叶	基生	羽状脉	其他	有
15	桫椤科Cyathe...	5168	桫椤 Alsophi...	刺桫椤、大贯...	乔木	三回羽状复叶	互生	羽状脉	其他	有
16	碗蕨科Dennst...	1502	华南鳞盖蕨Mi...	大笔草、鳞盖...	草本	三回羽状复叶	基生	羽状脉	其他	有
17	鳞始蕨科Lind...	1503	异叶鳞始蕨 L...	异叶陵齿蕨、...	草本	一回或下部二回	基生	羽状脉	其他	有
18	鳞始蕨科Lind...	1504	团叶陵齿蕨 L...	金钱草、高脚...	草本	一回或下部二回	基生	羽状脉	其他	有
19	鳞始蕨科Lind...	1505	乌蕨 Sphenom...	金花草、金鸡...	草本	三回羽状复叶	基生	其他	其他	有
20	蕨科Pteridia...	1506	蕨 Pteridium...	蕨菜、如意菜...	草本	三回羽状复叶	基生	羽状脉	其他	有
21	凤尾蕨科Pter...	1507	剑叶凤尾蕨 P...	凤凰草、凤尾...	草本	一回羽状复叶	基生	羽状脉	其他	无
22	凤尾蕨科Pter...	1508	井栏边草 Pte...	八字草、百脚...	草本	一回羽状复叶	基生	羽状脉	其他	无
23	凤尾蕨科Pter...	1509	半边旗 Pteri...	半边风药、半...	草本	二回羽状复叶	基生	羽状脉	其他	有
24	凤尾蕨科Pter...	1510	蜈蚣草 Pteri...	蜈蚣凤尾蕨	草本	一回羽状复叶	基生	羽状脉	其他	有
25	中国蕨科Sino...	1511	粉背蕨Aleuri...	银粉背蕨	草本	二回羽状复叶	基生	羽状脉	其他	有
26	中国蕨科Sino...	1512	薄叶碎米蕨 C...	山兰根、狭叶蕨	草本	三回羽状复叶	基生	羽状脉	其他	有
27	中国蕨科Sino...	1513	野鸡尾 Onych...	野雉尾金粉蕨...	草本	三回羽状复叶	基生	羽状脉	其他	有
28	铁线蕨科Adia...	1514	扇叶铁线蕨 A...	大猪毛七、过...	草本	二至三回二叉	基生	羽状脉	其他	有

查询 图片 基本信息

增加 删除 修改 保存 取消 退出

植物图库记录列表

◆ 点击“数据管理”——〉“树种图库维护”，进入植物图库维护界面。

◆ 查询。双击一条记录，再切换到图片或基本信息标签页，可查询到该植物的信息。

浏览、输入植物图片

◆ 浏览、输入植物图片。点击“图片”标签页，可切换到植物图片浏览、输入页面。点击“修改”按钮，则“干形相片”、“枝叶相片”、“花－相片”、“果－相片”四个按钮被激活，点击这四个按钮，即可输入相应的照片。

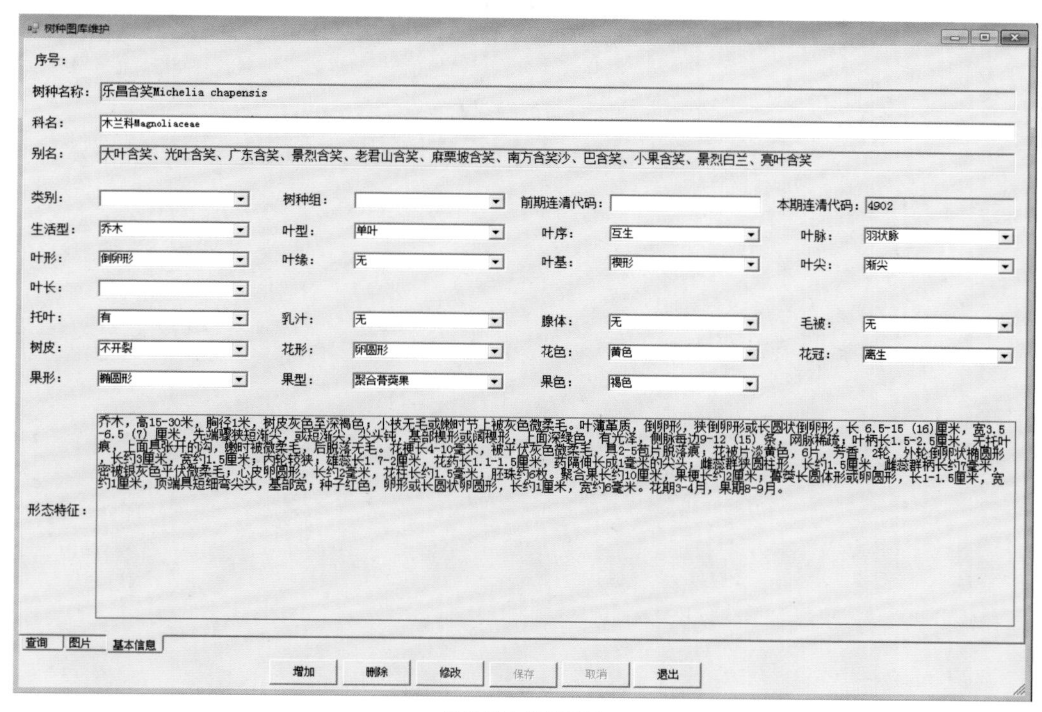

植物基本信息界面

◆ 修改。点击“修改”按钮，该植物的各种属性处理可编辑状态，有些需要手工输入信息，有些可以直接选择输入，修改完成后点击“保存”，可对当前植物的属性进行修改。

5.3 服务器端

操作系统：Windows2003。

Web 服务：IIS5.0 以上，Microsoft .NET Framework 2.0、Microsoft .NETFramework 3.5。

数据库：SQL Server 2005 企业版。

地址：xxx.xxx.xxx.xxx 。

服务端口：ForestIIService 端口 80。

Webservice：http:// xxx.xxx.xxx.xxx/ForestIIService/ForestWS.asmx/UploadDataForIpad。

服务器端一般不需要操作。

参考文献

[1] 肖兴威. 中国森林资源清查[M]. 北京：中国林业出版社，2005

[2] Jack Nutting , Dave Wooldridge , David Mark.盛海艳，曾少宁，李光杰等译. iPad 开发基础教程[M]. 北京：人民邮电出版社，2011

[3] 李晨. iPad应用开发实战[M]. 北京：机械工业出版社，2011

[4] Objective-C 2.0 Mac和iOS开发实践指南[M].北京：机械工业出版社，2011

[5] http://www.apple.com.cn/developer/ios/index.html

[6] https://developer.apple.com/devcenter/ios/index.action

[7] About View Controllers. https://developer.apple.combrary/ios/#featuredarticles/ViewControllerPGforiPhoneOS/Introduction/Introduction.html#//apple_ref/doc/uid/TP40007457

[8] Advanced App Tricks. https://developer.apple.combrary/ios/#documentation/iPhone/Conceptual/iPhoneOSProgrammingGuide/AdvancedAppTricks/AdvancedAppTricks.html

[9] About iOS App Programming. https://developer.apple.combrary/ios/#documentation/iPhone/Conceptual/iPhoneOSProgrammingGuide/Introduction/Introduction.html